城市综合管廊
电气自动化系统技术及应用

董桂华　编著

北　京

冶　金　工　业　出　版　社

2019

内 容 提 要

本书对综合管廊电气自动化系统进行了较为全面的介绍,内容包括综合管廊的供电系统、低压配电系统、照明系统、监控与报警系统,以及综合管廊电气节能和电气安全等。本书针对综合管廊电气自动化工程设计,分析比较了相关的设计方案、设计计算过程;整理编制了相关的图纸和图表;分析总结了有关实例和设计经验。

本书可供从事城市综合管廊设计、施工的专业技术人员阅读使用;也可供大专院校相关专业的师生参考。

图书在版编目(CIP)数据

城市综合管廊电气自动化系统技术及应用/董桂华编著 . —北京:
冶金工业出版社,2019.7
ISBN 978-7-5024-8133-9

Ⅰ.①城… Ⅱ.①董… Ⅲ.①市政工程—地下管道—电气设备
—自动化系统 Ⅳ.①TU990.3

中国版本图书馆 CIP 数据核字(2019)第 107822 号

出 版 人 谭学余
地 址 北京市东城区嵩祝院北巷 39 号 邮编 100009 电话 (010)64027926
网 址 www.cnmip.com.cn 电子信箱 yjcbs@ cnmip.com.cn
责任编辑 戈 兰 美术编辑 彭子赫 版式设计 孙跃红
责任校对 石 静 责任印制 李玉山
ISBN 978-7-5024-8133-9
冶金工业出版社出版发行;各地新华书店经销;固安华明印业有限公司印刷
2019 年 7 月第 1 版,2019 年 7 月第 1 次印刷
169mm×239mm;11.25 印张;219 千字;170 页
48.00 元

冶金工业出版社 投稿电话 (010)64027932 投稿信箱 tougao@cnmip.com.cn
冶金工业出版社营销中心 电话 (010)64044283 传真 (010)64027893
冶金工业出版社天猫旗舰店 yjgycbs.tmall.com
(本书如有印装质量问题,本社营销中心负责退换)

前　言

近些年来我国的城市化进程加速推进，城市地下空间开发利用的要求也越来越高。建设城市综合管廊是实现城市地下空间集约化的有效途径，同时综合管廊也是新型城市基础设施现代化水平的重要标志之一。随着各类综合管廊项目在全国多个城市的大力推广和实施，其越来越受到社会各方面的广泛关注。城市综合管廊是综合了城市规划、市政工艺管道、建筑、结构、燃气、电气自动化、给排水、消防、安防、通信、计算机及系统集成等多个学科专业领域的复杂公共市政工程。目前城市综合管廊的规划、设计、施工和运营管理等已成为相关专业技术人员研究的热门方向之一。

电气自动化技术广泛应用于工农业、国防和日常生活等领域，在国民经济中发挥着越来越重要的作用。城市综合管廊电气自动化系统也称之为城市综合管廊电气及智能化系统，涵盖了综合管廊供配电系统、照明系统、监控和报警系统等子系统，是城市综合管廊附属设施的重要组成部分之一，在城市综合管廊中发挥着不可替代的重要作用。电气自动化技术的应用，可使城市综合管廊附属设施的各子系统协调联动，以保障综合管廊的安全性、可靠性，提高综合管廊运营管理水平。

本书通过分析和总结当前城市综合管廊的电气自动化系统技术及应用，为从事综合管廊相关领域的电气、照明、消防、安防、综合布线和系统集成等方面的专业技术人员提供较为系统全面的借鉴和参考。

本书共分10章，第1章介绍城市综合管廊的基本概况及综合管廊附属设施概况。第2章分析综合管廊的供电系统。第3章对城市综合管廊的低压配电系统接线方式、有关计算进行叙述。第4章叙述城市综合管廊的照明系统。第5章分析讨论城市综合管廊监控与报警系统。第6章对城市综合管廊火灾自动报警系统进行叙述。第7章介绍综合管廊监控中心的功能及设施。第8章和第9章分别分析综合管廊的电气节能与电气安全。第10章结合实例分析某城市综合管廊的电气自动化系统的设计内容。

随着工艺、建筑等技术的进步，城市综合管廊将不断地产生新的形式，城市综合管廊的电气自动化技术也将随着物联网、大数据及智能技术等新技术的飞速发展而不断升级更新，以推动城市综合管廊的功能更加完善。

在本书付梓之际，对来自各方面的支持表示感谢。在从事工业与民用建筑电气自动化项目设计，特别是在城市综合管廊电气自动化研究及项目实施期间，昆明有色冶金设计研究院股份公司的李学文、傅博、罗军、张辉、杨绍伟、郭枝新等同志在项目设计指导和项目设计协作等诸多环节上给予了热心帮助；昆明理工大学信息工程与自动化学院教授、硕士生导师张寿明博士对本书提出了详细的修改意见和建议；昆明仪器仪表学会秘书长、昆明有色冶金设计研究院股份公司教授级高级工程师方原柏先生，冶金工业出版社和云南师范大学附属世纪金源学校廖艳江女士，在本书编著出版过程中给予了关心与鼓励，在此一并表示衷心感谢！

本书得到了昆明冶金高等专科学校科研基金"基于负荷特征的综合管廊负荷矩修正模型研究"项目资助。

编写本书时参考了有关综合管廊及电气自动化方面的文献，编者尽力将其列入参考文献中，难免有遗漏情况，敬请文献作者见谅。限于作者的水平、时间和精力，书中难免存在一些问题，希望读者批评指正。

编　者
2019 年 7 月

目　　录

第1章 绪 论

1.1 城市综合管廊的定义

城市综合管廊是城市地下管道的综合走廊，即在城市地下建造一个隧道空间，将电力、通信、燃气、热力、给水、排水等各种市政公用管线集于一体，并设置相应的附属设施，以及监测、报警和管理系统，实施各种市政综合管线的"统一规划"、"统一建设"、"统一管理"。

综合管廊在我国曾有"共同沟、综合管沟、共同管道"等多种称谓，在日本称为"共同沟"，在我国台湾省称为"共同管道"，在欧美等国家多称为"urban municipal tunnel"。在我国国家标准设计规范《城市综合管廊工程技术规范》（GB 50838—2015）中称之为"综合管廊（utility tunnel）"，其定义为："建于城市地下用于容纳两类及以上城市工程管线的构筑物及附属设施"。

1.2 城市综合管廊的发展概述

综合管廊19世纪发源于欧洲，1832年在法国巴黎建设了世界上第一条综合管廊工程，别称"共同沟"、"共同管道"。在此后的100多年间，英国、德国、日本、俄罗斯和西班牙等国家都在开展综合管廊的建设。在我国，1958年北京天安门广场就已经建设有1000多米的综合管廊。1994年在上海浦东新区张杨路建成国内第一条大规模的综合管廊，长度超过11km，并设置了计算机数据采集与显示系统。2010年上海世博会园区建设了长约6km的综合管廊，设置了相对完备的监测及报警系统。经过几十年的探索和实践，到目前在北京、上海、天津、广州、深圳、苏州和昆明等多个城市都建成了综合管廊。

近年来，随着城市化进程的加速发展，城市地下空间的综合利用要求越来越高。建设城市综合管廊是实现城市地下空间集约化的有效途径。通过推进城市地下综合管廊建设，统筹各类市政管线规划、建设和管理，解决反复开挖路面、架空线网密集、管线事故频发等问题，有利于提高城市综合承载能力。

2013年9月6日，国务院发布《关于加强城市基础设施建设的意见》中提出开展城市地下综合管廊试点工作。2014年6月3日，国务院发布国务院《关于加强城市地下管线建设管理的指导意见》中提到"稳步推进城市地下综合管廊建设"。2015年8月10日，国务院发布《关于推进城市地下综合管廊建设的指导意见》，文件指出："到 2020 年建成一批具有国际先进水平的地下综合管廊并投入运营"。2015~2016 年间中央财政先后支持 25 个试点城市开展综合管廊建设。预计在"十三五"末，我国综合管廊的规模将达到 8000~10000km，将成为名副其实的城市综合管廊大国。

1.3　城市综合管廊的类型和基本结构

1.3.1　城市综合管廊的类型

综合管廊根据其敷设的管线等级及数量，大致分为三类，分别是干线综合管廊、支线综合管廊和缆线管廊。

干线综合管廊：用于容纳城市主干工程管线。干线综合管廊一般设置于机动车道或道路中央下方，主要连接各原站（如自来水厂、发电厂、热力厂等）与支线综合管廊。其一般不直接服务于沿线地区。干线综合管廊内主要容纳的管线为高压电力电缆、信息主干电缆或光缆、给水主干管道、热力主干管道等。一般要求设置工作通道及照明、通风等设备。

支线综合管廊：用于容纳城市配给工程管线，主要用于将各种供给从干线综合管廊分配、输送至各直接用户。其一般设置在道路的两旁，容纳直接服务于沿线地区的各种管线。一般要求设置工作通道及照明、通风等设备。某些综合管廊兼具干线综合管廊和支线综合管廊的特点，既容纳输送性管线，又容纳服务性管线。

缆线管廊：采用浅埋沟道方式。设置在道路的人行道下方，内部空间不能满足人员正常通行要求，用于容纳电力电缆和通信线缆的管廊。

此外，根据其断面型式不同，分为矩形、圆形、半圆形、马蹄形和拱形综合管廊。根据其施工方法，分为明挖法、拼装法、盾构法和顶管法综合管廊等。

1.3.2　城市综合管廊的基本结构

综合管廊是满足各类管线，包括给水、再生水管、排水（雨水、污水）管、天然气管、热力管、电力电缆和通信线缆等的统一敷设。不同的管线在综合管廊中敷设时相应有不同的要求，如天然气、蒸汽热力管道等设置应在独立的舱室内；热力管不应与电力管同舱敷设；110kV 及以上的电力电缆不应与通信电缆同舱敷设等。由此可以看出，综合管廊内须采用多舱结构，如电力舱、燃气舱、水管舱、通信舱等。通过综合管廊的断面图反映其内部的管线设置及布局情况。

图 1.1 所示的两种综合管廊断面图，采用矩形断面，（a）管廊为电力舱及水信舱的两舱型式，（b）管廊为电力舱、综合舱和燃气舱的三舱型式，各舱内设有 1~1.2m 的检修通道。

综合管廊一般沿城市主干道路建设，跨度范围大。为方便各类设备的安装，

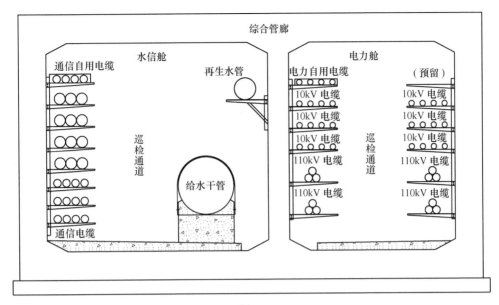

(a)

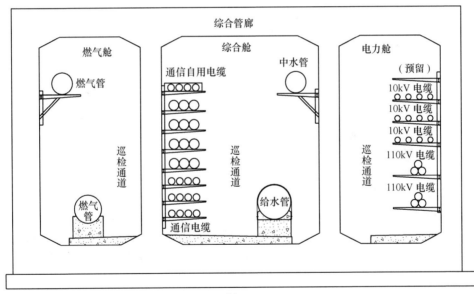

(b)

图 1.1 综合管廊断面示意图

各类管线的进出，人员的疏散，以及管廊的安全运营和综合管理，需配置相应的功能节点。根据《城市综合管廊工程技术规范》（GB 50838—2015）第5.4.1条规定，每个舱室应设置人员出入口、逃生口、吊装口、进风口、排风口、管线分支口等功能节点。

　　管廊内的管线及各类入廊设备的安装和检修时，应有进出综合管廊各舱室的通道，因此在每个防火分区应设置 1 个吊装口。

　　由于综合管廊埋设在地下，管廊内空气质量不佳，需要在每个防火分区设置 1 个送排风口节点，并通过送风排风设备完成综合管廊内外空气交换。

　　干线综合管廊和支线综合管廊应设置人员出入口节点，方便人员进出。人员出入口可以与逃生口、吊装口和排风口等结合设置。

　　综合管廊管线分支是综合管廊和外部管线相互衔接的部位，一般设置在和综合管廊横向交叉的路口，或者是沿线每隔一段距离进行设置。

　　以某城市干线综合管廊为例，长度约 7.5km，为双舱断面，纳入给水管（DN800）、再生水水管（DN300）、电力电缆（4 根 110kV＋30 根 10kV）和通信电缆（24 孔）四种管线。全线总共设置了 21 个吊装口（兼作进风井）、23 个排风口（兼作人员逃生口）、6 个人员出入口、3 个管廊交叉井、29 个管线分支口和 1 座端部井等各种功能节点。图 1.2 给出了某一段综合管廊的常见功能节点在管廊平面布置示意图。

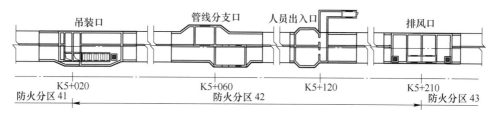

图 1.2　综合管廊节点平面示意图

1.4　城市综合管廊的附属设施

　　综合管廊设施包括综合管廊主体和附属设施。

　　综合管廊的附属设施涵盖了消防、供电、照明、监控与报警、通风、排水、标识和监控中心等，满足使用及运营维护的要求。主要附属设施包括：综合管廊监控中心、中心变配电站及现场区域供配电系统、消防系统、通风系统、监控与报警系统、排水系统和标识系统等。下面简要介绍各个子系统的基本情况。

1.4.1　监控中心

　　为了对综合管廊及设施运行情况实时监控和预警，保证设施运行安全和智能化管理，需要设置一套完整的监控系统。通常每条综合管廊配套一座监控中心，也可以多条综合管廊共用一座监控中心。监控中心是综合管廊的枢纽，综合管廊的管理、维护、防灾、安保和设备的集控，均在监控中心内完成。

　　监控中心包括集中监控显示大屏、各系统监控工作站和监控中心机房。此外监控中心可以与管廊供电系统的 10kV 中心变配电所合建，也可以考虑与城市气象、给水、排水、交通等监控管理中心或周边公共建筑合建，便于智慧型城市建设和城市基础设施统一管理。

监控中心的选址，宜紧邻综合管廊的主线及靠近管廊中段，并与综合管廊的主线之间设置地下专用连接通道，满足人员日常的检修通行，以及各类通信电缆的接入。

监控中心对综合管廊内监控的对象包括供配电系统、照明系统、通风系统、排水系统和监控与报警系统等。其中监控与报警系统的子系统较多，实现的功能也较为复杂，系统集成度高。

1.4.2 消防系统

综合管廊作为一种地下建筑物，因其属于空间相对封闭、管线大量集中、疏散存在不便等的特殊场合，应合理设置消防系统。在《城市综合管廊工程技术规范》（GB 50838—2015）第 7.1.1 条中，规定了综合管廊各舱室的火灾危险性等级，其中含天然气管道的舱室火灾危险性等级为甲级；含阻燃电力电缆、通信电缆等线缆的舱室的火灾危险性等级为丙级。此外在《城市综合管廊工程技术规范》（GB 50838—2015）第 7.5.7 条和第 7.1.9 条中，还分别规定了需要设置火灾自动报警系统和需要设置自动灭火系统的舱室。

综合管廊内的各区域，根据不同类型的舱室进行防火分区，并进行防火分隔。

舱室自动灭火系统的可采用下列主要的灭火系统组成：细水雾灭火系统、超细干粉灭火系统、气体灭火系统（二氧化碳、七氟丙烷和 IG541 等）。

此外在管廊内沿线、人员出入口、逃生口等，按一定的间距处设置灭火器箱，配置手提式灭火器。

1.4.3 通风系统

综合管廊内的通风系统采用自然通风和机械通风结合的方式。通风形式主要包括正常通风、事故通风和巡检通风几种，不同形式下对换气次数有不同的要求。

通风系统应与管廊内环境监测控制系统和火灾自动报警及联动控制系统进行联锁控制，主要包括：

（1）当综合管廊内空气温度高于 40℃，应开启排风机，并应满足综合管廊内环境控制的要求。

（2）需进行线路检修时，提前 30min 开启需巡检区域的通风系统，当舱内 CO_2 浓度下降到安全范围内时，工作人员方可进入管廊内。

（3）综合管廊舱室内某个防火分区发生火灾时，发生火灾的防火分区及相邻分区的通风设备应能够自动关闭，为窒息灭火提供条件。

（4）当某个防火分区的燃气浓度超过其爆炸下限的20%时，该防火分区及其相邻防火分区的所有电动阀开启，进行事故通风。

采用气体灭火等形式的综合管廊，在灭火过程完成后还要起动排烟设施。

1.4.4 供配电系统

综合管廊内的供配电系统是综合管廊的重要附属设施，包含高压供电系统（10~20kV）和低压配电系统（0.38/0.22kV）。综合管廊内的用电负荷主要包括动力负荷、照明负荷、监控与报警设备负荷等，其中监控与报警系统负荷、事故风机等消防负荷、应急疏散照明和各类紧急切断阀等负荷应按二级负荷供电，其余负荷的等级均为三级，供电电源应满足相应负荷等级的要求。

综合管廊内的高压供配电系统的设置，应综合考虑管廊建设规模、周边电源情况和运行管理模式，确定供配电系统接线方案、电源供电电压、供电点、供电回路以及供电容量。

由于综合管廊通常跨度较大，而低压配电系统的供电范围有限。通常采用基本单元配电的方式，即以管廊内的各个防火分区作为基本配电单元，每个配电单元负责对本防火分区的各用电设备配电。配电单元内的消防设备和非消防设备的配电分开，由各自的配电系统完成配电。

综合管廊属于特殊用电场所，根据不同舱室的特点，需研究及划分其用电场所。主要包括潮湿场所、狭窄场所和爆炸危险性场所等。电气设备选型安装及电缆敷设时应充分考虑这些因素。

1.4.5 照明系统

综合管廊设置于地下，应科学合理地设置照明系统。综合管廊的照明系统包括普通照明和消防应急照明。

在《城市综合管廊工程技术规范》（GB 50838—2015）第7.4.1条中给出了主要场所的正常照明和消防应急照明照度要求。各功能性节点的照度要求，由于其功能属性跟通用房间和场所一致，设计照度值按《建筑照明设计标准》（GB 50034—2013）的第5.5.1~5.5.4条中的规定实施。

照明灯具的选择应与综合管廊内的环境特征相适应。狭窄空间的照明灯具采用特低安全电压型（SELV），燃气舱内的照明灯具采用防爆型，其余场所的照明灯具采用防水防尘和防潮型，防护等级不低于IP54。

照明光源采用节能型的荧光灯或LED光源，照明控制采用可分组控制、集中控制及智能控制等方式。

1.4.6 监控与报警系统

综合管廊监控与报警系统是综合管廊附属设施中的一个重要组成部分，其对满足综合管廊正常运行、保障综合管廊安全、便于管线维护、协助综合管廊运行管理、协调管线管理单位等起着关键作用。

综合管廊监控与报警系统宜分为环境与设备监控系统、安全防范系统、通信系统、火灾自动报警系统等，与地理信息系统、数据分析系统等互联接入统一管理信息平台，其整体结构图如图 1.3 所示。

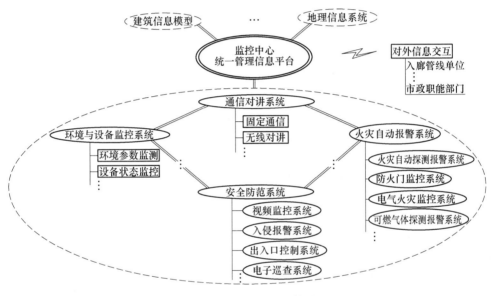

图 1.3 监控与报警系统整体结构图

1.4.6.1 环境与设备监控系统

通过在综合管廊内设置一系列监测仪表，对环境参数进行监测与报警。主要的监测参数有：温度、湿度、水位、空气含氧量、H_2S、CH_4等。对设备进行状态监测及控制，主要监控设备有：配电箱、通风设备和排水设备等。

环境与设备监控系统通过标准通信接口接入综合管廊监控与报警系统的统一管理平台。

1.4.6.2 安全防范系统

安全防范系统包括视频监控系统、入侵报警系统、出入口控制系统、电子巡查系统等。

综合管廊内设备集中安装地点、人员出入口、变配电间和监控中心等场所应设置视频监控系统，防止非法人员对管廊设备的破坏，以及对监控区域的监控设备状态进行视频判别，减轻工作人员的工作量，便于日常管理。

设置入侵报警子系统，对综合管廊的人员出入口、排风口、吊装口及监控中心等地设置入侵探测报警装置和声光警报。

设置出入口控制子系统，对综合管廊的人员出入口、变配电间及监控中心等地设置出入口控制装置。

设置电子巡查管理子系统，在现场设备集中安装地点、人员出入口、变配电间和监控中心等地设置巡更点。

各子系统之间应能够相互通信及联动，当探测到入侵报警时，应打开相应区域的正常照明，现场发出声光报警提示，同时将报警信号传送至监控中心，监控中心发出报警并显示在大屏幕上，视频监控系统自动显示报警区域的现场图像。

1.4.6.3 通信系统

本通信对讲系统一般指语音通信系统，而不是监控与报警系统组网的通信网络系统。

由于综合管廊内平时无固定人员现场值守，为便于管理维护及异常情况的处理，管廊内设置独立的内部语音通信系统，用于管廊内各区域人员的联系，以及与监控中心的联系。

通信系统有固定式通信系统和无线对讲通信系统两种方式。

1.4.6.4 火灾自动报警系统

火灾自动报警系统通常包括火灾自动探测报警子系统、防火门监控子系统和电气火灾监控子系统和可燃气体探测报警子系统等。

火灾自动报警系统应与视频监控系统、入侵报警系统、出入口控制系统建立联动。发生火灾时关闭相应区域的正常照明，发出声光报警提示，同时控制联动出入口控制，打开区域内的疏散通道，并将报警信号传送至监控中心，在监控中心显示并报警，视频监控系统自动显示报警区域的现场图像。当确认现场火灾时，火灾自动报警系统联动关闭着火防火分区及相邻分区的通风设备及常开防火门，启动自动灭火系统。

可燃气体探测报警系统只在有天然气等燃气管道的舱内设置。

1.4.6.5 地理信息系统

将综合管廊的各类基础数据、图档资料及拓扑结构等整合成地理信息系统，与综合管廊监控报警系统整合，能够便于掌握管廊内部格局、管线分布以及在异常情况下快速定位。

1.4.6.6 统一管理信息平台

统一管理信息平台对上述各子系统进行系统集成，形成一个数据交互、相互关联和协调的综合系统，方便工作人员对综合管廊进行高效统一的管理和实现各系统的协调联动。

1.4.7 排水系统

综合管廊处于地表以下，需设置相应的排水设施。通过在综合管廊内设置的排水沟、集水坑及自动水位排水泵，构成自动排水系统，将管廊内的积水进行提升和外排。

1.4.8 标识系统

通过管廊内外的标识系统，提高对综合管廊的认识、熟悉程度，便于安全及系统地管理。主要的标识有出入口管廊基本信息、入廊管线标识、管廊设备标识、警示标识，以及功能节点编号标识等。

1.5 城市综合管廊的电气自动化系统范畴

电气自动化系统涵盖在城市综合管廊的供配电系统、照明系统、监控与报警系统的应用中，且关联到综合管廊附属设施的绝大部分子系统。

供配电系统实现对管廊建筑的供电及管廊各类用电设备的配电，具体涉及供电方式的选择、电气主接线方案的确定、供配电设施的设置、电气设备的配线、保护与控制、防雷接地和电气安全等。

照明系统部分包括管廊各场所内照度计算、照明光源和灯具的选择、照明系统及照明设施配置、控制与管理。

监控与报警系统主要涉及到系统总体结构的架构与系统集成、各子系统的组成与组网、监控中心配置、设备的选择与现场配置，以及各子系统之间、本系统与其他系统之间的联动控制等。

第2章 城市综合管廊的供电系统

2.1 综合管廊负荷分级及供电要求

2.1.1 负荷分级

综合管廊内除了各类管线外，沿线还设置各类附属设施，满足其施工、运营、维护和管理。在各类附属设施中存在相当数量的各种用电负荷设备，需要设置相应的供配电系统，为用电负荷设备提供工作电源，保证其正常可靠运行。

电力负荷根据其对供电可靠性的要求，以及中断供电对人身安全、经济上所造成的损失影响程度进行分级，分为一级负荷、二级负荷和三级负荷。

符合下列情况之一时，应视为一级负荷：

（1）中断供电将造成人身伤害时；

（2）中断供电将造成经济重大损失时；

（3）中断供电将影响重要用电单位的正常工作。

在一级负荷中，当中断供电将造成人员伤亡或重大设备损坏或发生中毒、爆炸和火灾等情况的负荷，以及特别重要场所的不允许中断供电的负荷，应视为一级负荷中特别重要负荷。

符合下列情况之一时，应视为二级负荷：

（1）中断供电将造成经济较大损失时；

（2）中断供电将影响较重要用电单位的正常工作。

不属于一级负荷和二级负荷者为三级负荷。

综合管廊不同的舱室内设置的用电设备各不相同，其负荷等级也不一样。在《城市综合管廊工程技术规范》（GB 50838—2015）第7.3.2条中对主要负荷等级做了规定。综合管廊内用电设备负荷分级详见表2.1。

表 2.1　综合管廊负荷分级表

序号	负　荷　名　称	负荷等级
1	所有舱室：监控与报警系统、消防设备、应急照明、液压逃生井盖等；燃气管道舱：送风排风风机、管道紧急切断阀等	二级负荷
2	所有舱室：一般照明、普通送/排风机、普通水泵、电动百叶窗、检修电源等	三级负荷

2.1.2 供电要求

可以看出在综合管廊的所有用电负荷中，无一级负荷，负荷等级最高为二级。根据《供配电系统设计规范》（GB 50052—2009）第3.0.7条中的有关规定，城市综合管廊的二级负荷的供电系统，宜由两回线路供电，在负荷较小或地区供电条件困难时，二级负荷可由一回6kV及以上专用的架空线路供电。

2.2　供电电压等级和供电距离

用电单位供电电压应从用电容量、用电设备特性、供电距离、供电线路的回路数、用电单位远期规划、当地公共电网现状及发展规划和经济合理性等因素进行综合考虑。

各个供电电压等级的送电能力，与输送的功率和输送的距离密切相关。表2.2给出了常见的电压等级的合理输送功率和距离。

表 2.2　电力线路合理输送功率和距离

额定线电压/kV	线路结构	输送功率/kW	输送距离/km
0.22	电缆线	100 以下	0.20 以下
0.38	电缆线	175 以下	0.35 以下
10	架空线	3000 以下	8~15
10	电缆线	5000 以下	10 以下
35	架空线	2000~10000	20~50
110	架空线	10000~50000	50~150
220	架空线	100000~150000	200~300

综合管廊规模较小时（长度在1km左右），用电设备负荷也小，可就近采用低压0.38/0.22kV低压供电的方式。

当综合管廊规模较大时（长度在几公里到几十公里），管廊跨度、各类设备数量及负荷都比较大，进线电源采用低压已经不能满足需要。需采用更高电压等级进行供电。

综合管廊内的供配电系统通常分为高压供电系统和低压配电系统两个部分，对应的电压等级通常分别采用10kV（20kV）和0.38/0.22kV两个等级。虽然20kV供电的电压等级应用优势相较于10kV更明显，但从目前的应用情况来看，20kV电压等级还不普遍，本书讲述综合管廊的供电系统仍以10kV为主。

2.3　供电系统设计原则及接线方式

2.3.1　供电系统设计原则

供电系统需综合多方面因素，保证设计方案的合理性。供电系统设计的原则主要有：

（1）贯彻国家技术经济政策，做到保障人身安全、供电可靠、技术先进和经济合理。

（2）按照负荷性质、用电容量、工程特点和地区供电条件，合理确定设计方案。

（3）根据工程特点、规模和发展规划，做到远近结合，兼顾未来发展需要。

（4）采用符合国家标准的高效节能、环保安全和性能先进的电气产品。

（5）同时供电两回及以上线路中，一回路中断供电时，其余线路能够满足全部一级负荷和二级负荷的用电需要。

（6）供电系统应简单可靠，便于操作和管理。同一电压等级的配电级数不多于两级，低压不宜多于三级。

（7）高压配电系统宜采用放射式供电，并根据变压器的容量、分布及地理环境、亦可采用树干式或环式供电。

（8）负荷容量和分布，变配电站应靠近负荷中心。

（9）控制各类非线性用电设备所产生的谐波引起的电网电压正弦波形畸变率，并采取相应的措施等。

2.3.2　供电系统接线方式

10kV 供电系统的接线方式，根据供电可靠性的要求、变压器容量及分布、地理环境等情况，宜采用放射式、树干式、环式及其组合方式。

（1）放射式：供电可靠性高，故障发生后影响范围较小，切换操作方便，保护简单，便于实现自动化，但因配电线路和高压开关柜数量多而造价高，如图 2.1（a）、（b）所示。

单回路放射式一般用于对二级、三级负荷或专用设备的配电，对二级负荷供电时，尽量要有备用电源；双回路放射式的线路互为备用，用于配电给二级负荷。

（2）树干式：配电线路和高压开关柜数量少且投资少，但故障影响范围较大，可靠性较差，如图 2.1（c）所示。

一般用于对三级负荷的配电，每条线路装设的变压器台数以及总的变压器容量有限。

（3）环式：有闭路环式和开路环式两种，供电可靠性较高，运行灵活，但切换操作较繁琐，如图 2.1（d）、（e）所示。

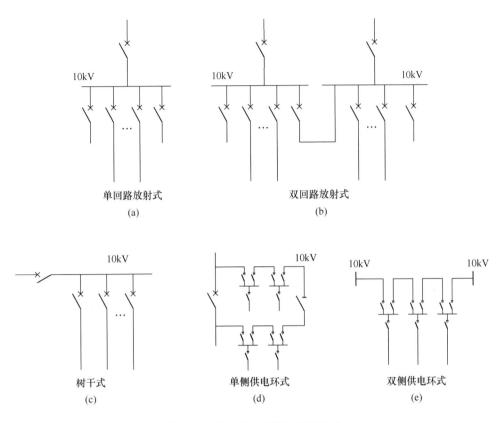

图 2.1 10kV 供电系统的接线方式

单侧供电环式用于对二级、三级负荷配电，一般两路同时开环运行，电力检修时可切换电源，但保护装置和整定配合复杂；双侧供电环式用于二级、三级负荷配电，正常运行时一侧供电或中间断开，避免并联运行。

2.4 城市综合管廊供电系统主接线方案

综合管廊供电系统主接线可由多种方式来实现。下面通过举例，详细分析综合管廊供电系统主接线方式。

（1）双路低压电源进线，单母线分断。

在综合管廊内设置若干低压配电室，各低压配电室分别从就近的市政公共电网引入两回 0.38kV 电源进行供电。接线型式采用单母线分断，正常运行时母线联络开关断开，两路电源分列运行，各自带两侧邻近区域的负荷。当一路电源故障切除后，切除故障侧三级负荷，母联断路器合闸，由另一路电源承担全部的二级负荷。其接线示意图如图 2.2 所示。

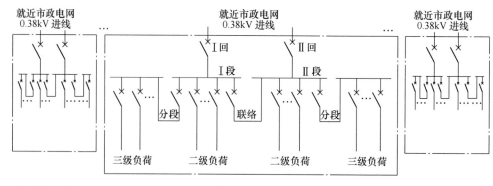

图 2.2　供电系统主接线（一）

可以看出，本接线方式仅适合于综合管廊所处的区域市政公共电网设施完善，便于获取，且规模较小的管廊。采用这种接线方式存在的主要问题是，当低压电源来源较多时，不便于统一管理。

（2）双路 10kV 电源进线，单母线接线，多路 10kV 出线。

在综合管廊负荷中心，或者在监控中心设置中心变配电站 1 座，内设 10kV 配电室。由市政公共电网引来双回 10kV 线路，10kV 主接线采用单母线接线，正常运行时两路电源 1 用 1 备，每个回路承担 100% 的负荷。

在综合管廊现场设置区域变电所，每个区域变电所设置 2 台 10/0.4kV 变压器，变压器 10kV 进线分别来自中心变配电站，低压侧单母线分断，设置母联。其接线示意图如图 2.3 所示。

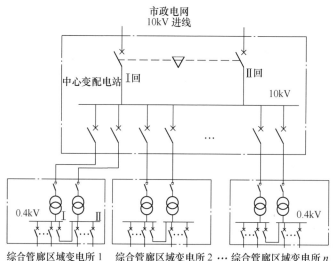

图 2.3　供电系统主接线（二）

关于综合管廊现场区域变电所的设置，结合 2.1 节的负荷分析，得出其配电范围示意图如图 2.4 所示。具体的讨论如下：为保证设备端电压在规定的压降范围内，需控制低压配电系统的配电范围。考虑到管廊内的低压设备中无相对较大的负荷设备，低压供电的范围可适当放大。

图 2.4　现场区域变电所配电范围示意图

综合管廊配电通常结合建筑防火分区（1 个防火分区不超过 200m）的划分来进行设置，每个防火分区为 1 个基本配电单元，基本配电单元的负荷情况见第 3 章 3.1 节。

如果按低压配电半径在 400m 左右来考虑，可以推算出 1 个区域变电所能够覆盖大约 4 个基本单元配电，每个变电站覆盖的范围约 800m，计算负荷大小约 170kW（双舱），区域变电所所内变压器容量约 200~250kVA。

如果按低压配电半径在 600m 左右来考虑，可以推算出 1 个区域变电所能够覆盖大约 6 个基本单元配电，每个变电站覆盖的范围约 1200m，计算负荷大小约 290kW（双舱），区域变电所所内变压器容量约 315~400kVA。

通过图 2.4 可以看出，由于区域变电所的供电范围及变压器容量受到客观因素的制约。当综合管廊规模较大时，中心变电所的 10kV 系统出线回路将增加，从而设备投资也增大。因此，本接线方式适用于中等规模的综合管廊（管廊长度小于 4km 左右），又不方便从附近取得低压电源的场所。

（3）双路 10kV 电源进线，单母线分段接线，10kV 出线采用环网链接形式。

在综合管廊负荷中心，或者监控中心设置中心变配电站 1 座，内设 10kV 配电室。由市政公共电网引来双回 10kV 线路，10kV 主接线采用单母线分段接线，正常运行时两路电源分列，母联断路器断开，每个回路承担 50% 的负荷。

在综合管廊现场设置区域变电所，中心变电所 10kV 出线至区域变电所采用环网柜链接。每个区域变电所设置的 2 台 10/0.4kV 变压器的 10kV 进线，来自不同的链接回路。低压侧单母线分断，设置母联。其接线示意图如图 2.5 所示。

在图 2.5 所示的接线图中，通过链接方式，分别向两侧的区域变电所供电，扩大了供电范围，且可以组建多个环网链接回路进一步扩大供电范围。本接线方式适用于规模较大的综合管廊。

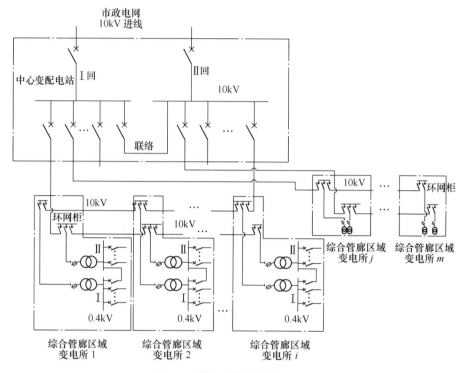

图 2.5　供电系统主接线（三）

由于受到区域变电所的容量以及 10kV 环网柜开关设备承载能力限值，减小故障时的影响范围，每个环网链接的变压器台数不能无限扩充，一般来讲，综合管廊每个环网链路上的变压器台数不宜超过 5 台。

此外，还有其他的主接线方式，比如采用管廊沿线多路市政电源 10kV 供电方式、双侧双回路树干式供电方式等，在此不再逐一列举。通过对供电系统的主接线方式的分析，可以看出外部电源情况、综合管廊规模，监控中心位置和运行管理模式等因素对其影响较大。在综合管廊项目实施时还需要和供电部门协调，供电方案应得到供电部门许可。

综合管廊中心变配电站通常与监控中心合建，并靠近负荷中心；现场区域变电所一般布置在管廊上方的地面或管廊内部的功能节点内设备间。

综合管廊的现场区域变电所可采用箱式变电站、埋地式变电站或地下变电站等几种形式。其中箱式变电站占地面积小，安装维护方便，与周边环境也较为协调，图 2.6 为采用箱式变电站型式的区域变电所至综合管廊的电力电缆敷设的示意图。

现场区域变电所高压进线采用电缆下进线，低压电缆出线为下出线，通过穿管敷设方式至综合管廊相应的舱内自用桥架上。

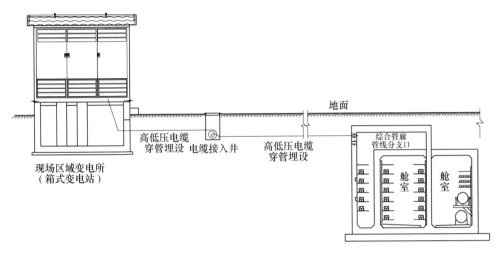

图 2.6 区域变电所接入综合管廊示意图

2.5 城市综合管廊供电系统主要设备

大中型规模的城市综合管廊供电系统的主要设备包括：箱式变电站、配电变压器、高压开关柜和环网柜等。

2.5.1 箱式变电站

箱式变电站包括组合式变电站和预装式变电站。现场区域变电所的箱式变电站为预装箱式变电站，是经过型式试验的用来从高压系统向低压输送电能的设备。箱式变电站是成套产品，其具有体积小、占地少、安装方便、投资省和建设周期短等特点，可以安装在室外，便于深入负荷中心。

箱式变电站包括装在外壳内的配电变压器、高压开关设备和低压开关设备、电能计量设备和无功补偿设备，以及相应辅助设备。在图 2.7 中给出了几种典型

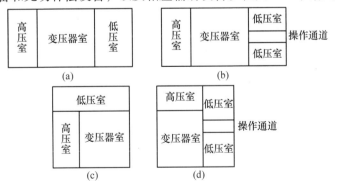

图 2.7 箱式变电站排列方式

（a），（b）目字型排列；（c），（d）品字型排列

的排列方式，按它们电能输送的路径与次序排列，排列的方式有目字型排列、品字型排列等。

　　箱式变电站高低压配电系统接线，根据负荷性质不同，有多种方式。图 2.8 给出箱变高低压系统接线示意图。

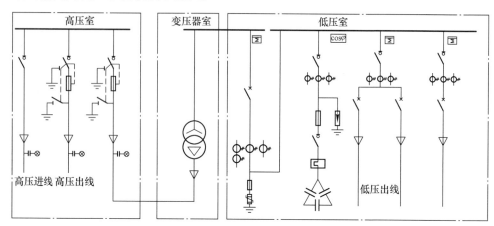

图 2.8　箱式变电站高低压系统接线示意图

2.5.2　配电变压器

　　配电变压器是现场区域变电所内的重要设备之一。目前各种民用建筑内的配电变压器的类型主要有油浸式变压器、干式变压器两大类。两种的性能比较如表 2.3 所示。

表 2.3　油浸式/干式变压器性能比较

比较类别	油浸式变压器		干式变压器	
	矿物油变压器	硅油变压器	非包封绕组干式变压器	环氧树脂浇铸干式变压器
价格	低	低	较高	较高
安装面积	中	中	小	小
绝缘等级	A	H	C	H 或 F
燃烧性	可燃	难燃	难燃	难燃
耐湿性	良好	良好	弱	优
耐潮性	良好	良好	弱	良好
损耗	大	大	大	小
噪声	低	低	高	低
重量	重	较重	轻	轻

　　综合管廊配电变压器要能够满足综合管廊现场所的要求，如安装面积小、重量轻、耐湿性耐潮性好、抗燃烧性能好。通过以上比较，环氧树脂浇铸干式变压器较为适合。

　　配电变压器宜选择 Dyn11 联结组别的变压器。Dyn11 联结组别的变压器当三次及其整数倍以上的高次谐波激磁电流在原边接成三角形条件下，可在原边环流，有利于抑制高次谐波电流；另外 Dyn11 接线的零序阻抗较小，有利于单相接地短路故障的切除。

2.5.3　高压开关柜

　　高压开关柜在配电系统中起通断、控制和保护等作用。高压开关柜包括柜体和电器元件（断路器等）两个部分，具备完备的"五防"功能和防止误操作的机械联锁装置。通常高压开关柜主要用于 6~10kV 及 35kV 室内配电场合，目前应用较多 6~10kV 及 35kV 开关柜采用交流金属封闭高压柜，绝缘方式以空气绝缘为主，根据结构不同，分为铠装式、间隔式和箱式；根据高压电器及开关设备的安装方式分为固定式和移出式。移出式开关柜应用广泛，其采用组装结构，主开关可移出至柜外，手车可互换，检修维护方便。

　　综合管廊高压开关柜应用在监控中心或者中心变配电站的 10kV 配电室内，其常用型号采用 KYN28-12，常用的柜体尺寸有 800mm×1500mm×2200mm（宽×深×高）和 1000mm×1500mm×2200mm 等。

2.5.4　环网柜

　　环网柜的全称是"环网负荷开关柜"，原指应用于环形配电网中的各进出线开关柜，由于这些开关柜的额定电流都不大，主要电器元件采用负荷开关。后泛指以负荷开关为主电器元件的小型开关柜。相较于交流金属封闭高压柜，环网柜有体积小、结构相对简单、运行维护工作量少、成本较低等优点，适合于 10kV 环网供电、双电源供电和箱式变电站，在城市市政公共电网中广泛使用。

　　综合管廊环网柜单元接线如图 2.9 所示，有 1 进线 1 出线和 1 进线多路出线等常用的单元接线型式。1 进线 1 出线型式应用于环网的末端，1 进线多出线型式应用于环网的中间端和多个高压设备出线处等。

　　环网柜的保护功能简单，出线线路保护元件采用限流熔断器等。当负载侧发生短路时，限流熔断器迅速切除故障，切断时间远小于断路器的全开断时间，比断路器保护效果更明显。

　　环网柜由于其体积优势，能够较好地设置于箱式变电站内，或者综合管廊的设备间内。应用在综合管廊各区域变电所的高压侧的环网柜，其常用型号有 XGN15-12、HXGN-12 等，常用的柜体尺寸有 800mm×800mm×1600mm（宽×深×高）和 800mm×1000mm×1600mm 等，不同厂家的尺寸规格不一致。

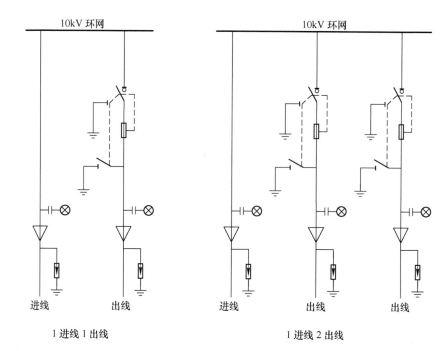

1 进线 1 出线

1 进线 2 出线

图 2.9　环网柜常用单元接线示意图

第3章 城市综合管廊低压配电系统

3.1 城市综合管廊的负荷情况

综合管廊通常采用基本单元配电的方式，即以管廊内的各个防火分区作为基本配电单元。每个基本配电单元内的用电负荷主要有：普通照明、应急照明、送风排风机、水泵、检修电源等，其中大部分负荷均位于吊装口、排风口和管线分支口等各个功能节点内。表 3.1 给出了某双舱综合管廊的 1 个基本配电单元内的负荷情况。

表 3.1 基本配电单元主要负荷表

序 号	负荷名称	设备功率	备 注
1	普通照明	2.5kW	
2	应急疏散照明	0.5kW	
3	检修电源	80kW	
4	电力舱潜污泵	4×1.5kW	2用2备
5	水管舱潜污泵	8×3kW	4用4备
6	液压逃生井盖电源	0.5kW	
7	电力舱排烟/排风机	1×15/7.5kW	
8	水信舱排烟/排风机	1×15/7.5kW	
9	现场电信设备电源	3kW	

用电设备的负荷等级详见第 2 章 2.1 节。

综合管廊负荷与其他场合的负荷相比较，有如下特点：

（1）受综合管廊的建筑型式特点影响，设备负荷总体分布较为分散；且每个单位区间内的负荷容量大体一致。

（2）单台设备功率普遍较小，无较大功率用电设备和特殊要求的用电设备。

（3）管廊内部的设备工作时间较短，工作同时系数较低等。

3.2 低压配电系统原则及接线

3.2.1 低压配电系统电压等级

我国低压配电系统的电压等级通常是 AC380/220V；在某些工业企业中的低

压系统中为满足大容量设备、远距离供电等要求，采用 660V 和 1000V 的电压等级；而在某些潮湿、水下和狭窄空间等特殊场合，其配电电压采用小于 50V 的安全电压。综合管廊的低压配电系统采用 AC380/220V 为主，某些局部特殊场合的可能会使用安全电压的设备，需采用安全电压配电。

3.2.2　低压配电系统原则

结合综合管廊的低压配电的特点，其低压配电系统设计的主要原则包括：
（1）低压配电系统应综合考虑工程种类、规模、负荷性质、容量等因素。
（2）接线简单可靠、经济合理、技术先进、方便使用操作。
（3）根据不同的场合，合理选择配电方式。
（4）低压配电力求三相平衡，不同性质的负荷可分开配电。
（5）根据使用情况，合理分层分级设置配电系统等。

3.2.3　低压配电系统接线方式

低压配电系统配电方式主要有：放射式、树干式、链式等。
（1）放射式：配电线路互不影响，供电可靠性较高，配电设备集中，检修方便，但系统灵活性较差，有色金属消耗较多，主要适合于容量大、负荷集中或较为重要的设备。
（2）树干式：配电设备及有色金属消耗较少，系统灵活性好，但干线故障时影响的范围大。
（3）链式：适用于距离配电屏远而彼此相距较近的非重要的小容量用电设备。链接的设备一般不超过 5 台，总功率不超过 10kW。
综合管廊内的主要用电设备相对集中，各功能节点内的设备配电方式宜采用放射式，现场区域变电所低压屏至各功能节点的普通负荷动力箱的配电方式适合采用树干式、链式或放射式。

3.3　低压系统的应急电源系统

3.3.1　应急电源系统种类

应急电源系统是用来维持电气设备和电气装置运行的供电系统。应急电源系统的形式有多种，低压配电系统的应急电源系统包括：
（1）独立于正常电源的发电机组，这种快速自起动的发电机组适合于允许中断供电时间为 15s 以上的供电。
（2）不间断电源设备 UPS，适合于允许中断时间为毫秒级的负荷。
（3）逆变应急电源 EPS，是一种把蓄电池的直流电能逆变成正弦波交流电能的应急电源，适用于允许中断供电时间为 0.25s 以上的负荷。

（4）蓄电池，适合于特别重要的直流电源负荷。

（5）有自动投入装置的有效地独立于正常电源的专用馈电线路，适合于允许中断供电时间大于电源切换时间的负荷。

3.3.2 柴油发电机组

柴油发电机组具有热效率高、启动迅速、结构紧凑、燃料存储方便、占地面积小、工作量小和维护操作简单等特点，是作为备用电源或应急电源的首选设备。柴油发电机组由柴油机、发电机和控制屏三部分组成。

应急电源用的柴油发电机组的主要功能包括：自动维持准备运行状态；自动启动和加载；自动停机；自动补给燃油、机油、冷却水，机组启动用蓄电池自动充电；有过载、短路、过速、温度和油压等保护装置等。

3.3.3 不间断电源设备

不间断电源设备（uninteruptible power system，UPS）由电力电子变流器、转换开关、储能装置及控制系统等组成，是在输入电源故障时维持负载电力连续性的电源设备。通常采用在线 UPS，首先将市电输入的交流电源变成稳压直流电源，供给蓄电池和逆变器，再经过逆变器重新变成稳定的、高质量的交流电源。它可以消除在输入电源中可能出现的任何电源问题（电压波动、频率波动、谐波失真和各种干扰）。

符合下列情况之一时，应设置不间断电源装置：

（1）当用电负荷不允许中断供电时（如实时性计算机的数据处理装置）；

（2）当用电负荷允许中断供电时间要求在 1.5s 以内；

（3）重要场所（如监控中心）的应急备用电源。

在综合管廊的用电负荷中，监控与报警系统等的应急电源宜采用 UPS。

3.3.4 逆变应急电源设备

逆变应急电源设备（emergency power supply，EPS）是利用绝缘栅双极型晶体管（IGBT）大功率模块及其相关逆变技术而开发的一种将直流电能转换成正弦交流电能的应急电源，额定输出功率在 0.5kW～1MW，是一种免维护无人值守的安全可靠的集中式应急电源设备。EPS 由充电器、蓄电池组、逆变器、控制器、转换开关、保护装置等组合而成。在交流电源输入正常时，交流输入电源通过转换开关直接输出，同时通过充电器对蓄电池组充电；当控制器检测到主电源中断或者输入电压低于规定值时，切换转换开关，逆变器工作，EPS 处于逆变状态应急运行模式向负载提供交流电能；当主电源恢复正常供电时，转换开关切换为正常供电模式，逆变器关闭。

在综合管廊的用电负荷中，应急照明系统的应急电源宜采用 EPS。

3.4　低压配线的基本计算

3.4.1　负荷计算及无功补偿

3.4.1.1　负荷计算

负荷计算是电气设计计算的最基础的计算。负荷计算的目的，是获得供配电系统设计所需的各项负荷数据，是作为选择和校验导体、电器、设备保护装置和补偿装置，计算电压降、电压偏差和电压波动等的重要依据。负荷计算的内容包括求取各类计算负荷，包括最大计算负荷或需要负荷、平均负荷等。

负荷计算方法有：单位指标法、需要系数法、利用系数法和二项式法等。

其中需要系数法是源于负荷曲线的分析，设备功率乘以需要系数得到需要功率，多组负荷相加时，再逐级乘以同时系数，过程简单，适合于设备台数较多的场合。下面简要介绍利用需要系数法进行负荷计算的过程。

（1）用电设备组的计算功率：

有功功率 $\qquad P_c = K_d P_e$ （3.1）

无功功率 $\qquad Q_c = P_c \tan\varphi$ （3.2）

（2）配电干线或车间变电站的计算功率：

有功功率 $\qquad P_c = K_{\Sigma p} \sum (K_d P_e)$ （3.3）

有功功率 $\qquad Q_c = K_{\Sigma q} \sum (K_d P_e \tan\varphi)$ （3.4）

（3）配电干线或变电站的计算功率：

视在功率 $\qquad S_c = \sqrt{P_c^2 + Q_c^2}$ （3.5）

计算电流 $\qquad I_c = \dfrac{S_c}{\sqrt{3}\,U_n}$ （3.6）

式中　　P_c——计算有功功率，kW；

　　　　Q_c——计算无功功率，kvar；

　　　　S_c——计算视在功率，kVA；

　　　　I_c——计算电流，A；

　　　　P_e——用电设备组的设备功率，kW；

　　　　K_d——需要系数，查阅参考相关设计手册；

　　　tanφ——计算功率因数正切值，查阅参考相关设计手册；

　　　$K_{\Sigma p}$——有功功率同时系数；

　　　$K_{\Sigma q}$——无功功率同时系数；

　　　U_n——系统标称电压。

根据表 3.1 的负荷情况，按上述方法，可以计算出该双舱综合管廊一个基本配电单元的装机容量 $P_e = 148.5\text{kW}$，计算负荷 $P_c = 48.5\text{kW}$。详细的负荷计算见表 3.2。

表 3.2 基本配电单元负荷计算表

顺序	用电设备名称	设备台数/台		设备容量/kW		计算系数		计算负荷		
		总数	工作	总数	工作	K_c	$\cos\varphi$	P/kW	Q/kvar	S/kVA
	防火分区一									
一	吊装口									
1	普通照明	1	1	2.50	2.50	0.90	0.90	2.25	1.09	
2	应急疏散照明	1	1	0.50	0.50	1.00	0.90	0.50	0.24	
3	检修电源箱	4	4	60.00	60.00	0.10	0.80	6.00	4.50	
4	潜污泵	4	2	6.00	3.00	0.15	0.80	0.45	0.34	
5	潜污泵	4	2	12.00	6.00	0.15	0.80	0.90	0.68	
6	电信设备	2	2	1.50	1.50	1.00	0.90	1.50	0.73	
	小　计			82.50	73.50			11.60	7.57	
二	排风口									
1	液压井设备电源	1	1	1.50	1.50	1.00	0.90	1.50	0.73	
2	检修电源箱	2	2	30.00	30.00	0.10	0.80	3.00	2.40	
4	排风机	2	2	30.00	30.00	1.00	0.80	30.00	22.50	
5	潜污泵	4	2	12.00	6.00	0.15	0.80	0.90	0.68	
6	电信设备	2	2	1.50	1.50	1.00	0.90	1.50	0.73	
	小　计			65.00	59.00			36.90	26.13	
	合　计			148.50	132.50			48.50	33.70	
	取同时系数 K_p、K_q						0.80	43.55	32.01	53.41
	就地无功补偿								−15.00	
							0.93	43.55	17.01	46.01
	防火分区二			148.50	132.50		0.93	43.55	17.01	
	防火分区三			148.50	132.50		0.93	43.55	17.01	
	防火分区四			148.50	132.50		0.93	43.55	17.01	
	合　计			594.00	530.00		0.89	175.00	68.04	186.04
	集中无功补偿								−20.00	
							0.96	175.00	48.04	176.62

顺序	用电设备名称	设备台数/台		设备容量/kW		计算系数		计算负荷		
		总数	工作	总数	工作	K_c	$\cos\varphi$	P/kW	Q/kvar	S/kVA
	选 200kVA 变压器									200
	计入变压器损失									
	ΔP, ΔQ							1.78	8.88	
	10kV 侧负荷						0.95	173	57	182

现按照平均每200m 设置 1 个防火分区，即设置 1 个基本配电单元，得出每 1km 的上述综合管廊的计算负荷近似值约为 200~250kW。

3.4.1.2　电网损耗计算

（1）三相线路有功功率损耗和无功功率损耗：

$$\left.\begin{array}{l} \Delta P_L = 3I_c^2 R \times 10^{-3}, \quad R = rl \\ \Delta Q_L = 3I_c^2 X \times 10^{-3}, \quad X = xl \end{array}\right\} \tag{3.7}$$

式中　ΔP_L——三相线路中有功功率损耗，kW；

　　　ΔQ_L——三相线路中无功功率损耗，kvar；

　　　R——每相线路电阻，Ω；

　　　X——每相线路电抗，Ω；

　　　l——线路计算长度，km；

　　　I_c——计算电流，A；

　　　r，x——线路单位长度的交流电阻及电抗，Ω/km。

（2）双绕组有功功率损耗和无功功率损耗：

$$\left.\begin{array}{l} \Delta P_T = \Delta P_0 + \Delta P_k\left(\dfrac{S_c}{S_r}\right)^2 \\ \Delta Q_T = \Delta Q_0 + \Delta Q_k\left(\dfrac{S_c}{S_r}\right)^2 = \dfrac{I_0\%S_r}{100} + \dfrac{u_k\%S_r}{100}\left(\dfrac{S_c}{S_r}\right)^2 \end{array}\right\} \tag{3.8}$$

式中　ΔP_T——变压器中有功功率损耗，kW；

　　　ΔQ_T——变压器中无功功率损耗，kvar；

　　　S_c——变压器计算容量，kVA；

　　　S_r——变压器额定容量，kVA；

　　　ΔP_0——变压器空载有功功率损耗，kW；

　　　ΔP_k——变压器短路有功功率损耗，kW；

　　　ΔQ_0——变压器空载无功功率损耗，kvar；

ΔQ_k——变压器短路无功功率损耗，kvar；

$I_r\%$——变压器空载电流百分数；

$u_k\%$——变压器阻抗电压占额定电压的百分数。

当变压器负荷率 $\beta \leqslant 85\%$，功率损耗可简化计算：

$$\Delta P_T = 0.01S_c, \quad \Delta Q_T = 0.05S_c \tag{3.9}$$

3.4.1.3 无功补偿及计算

A 无功补偿容量

用电设备运行时除了消耗有功功率，还会消耗一定的系统无功功率，如电动机设备必须吸收无功功率用于建立励磁等，以维持设备正常运行。大量消耗无功功率会导致系统无功功率不足，需装设其他无功电源补偿无功功率的不足。

无功补偿计算，就是确定补偿的容量，补偿量的计算公式为：

$$\left.\begin{array}{l} Q = P_c(\tan\varphi_1 - \tan\varphi_2) = P_c q_c \\ \tan\varphi_1 = Q_c/P_c \end{array}\right\} \tag{3.10}$$

式中　Q——补偿容量，kvar；

P_c——计算有功功率，kW；

Q_c——计算无功功率，kvar；

q_c——无功功率补偿率，kvar/kW，取值与补偿前后 $\tan\varphi$ 值有关；

$\tan\varphi$——计算功率因数补偿前后的正切值（其中 $\tan\varphi_1$ 为补偿前的值）。

B 无功补偿方式

110kV 及其以下的系统用户侧的用电设备一般为感性，无功补偿方式采用装设并联电容器是最有效的方法。无功补偿按补偿位置分为集中补偿、就地补偿和分组补偿；按投入的快慢分为动态补偿和静态补偿，按能否自动投切分为自动补偿和固定补偿等。

综合管廊供电系统中的无功补偿方式有以下两种：

（1）变配电所高压集中补偿。在 10kV 母线上装设并联电容器组，用以改善电网侧的功率因数。这种方式便于管理和维护，根据实际负荷情况调节补偿电容器容量，从而提高功率因数，满足电力部门对功率因数的要求。

（2）配电变压器低压的无功补偿。综合管廊内低压配电系统中设备较为分散，无功补偿方案有两种做法：变压器低压侧集中补偿和现场动力箱分散就地补偿。

低压侧集中补偿采用设置低压补偿电容柜，根据无功负荷的变化，利用控制器进行自动投切，以改变投入电容器组的容量，提高变压器低压侧的总体功率因数，实现无功就地平衡。对配电网和配电变压器有降低损耗的作用，同时可以提高负荷侧的电压水平，补偿效果较好。相较于高压集中补偿，这种方式投资更省，应用更为普遍。

现场分散就地补偿。在大容量用电设备旁设置补偿电容器组，与设备同时投入或退出，使设备消耗的无功功率得到及时就地补偿；以及在分散安装的动力配电箱内设置就地补偿装置，补偿用电设备组的无功功率。该补偿方式使装设点以上的线路输送的无功功率减少，能够获得最明显的降损效果；补偿装置与设备同时投入或退出，不需要频繁调整补偿容量，投资少、占地小、安装维护方便、故障率较低。

综合管廊用电负荷点较多、分布较为分散，低压无功补偿采用低压侧集中补偿时，由于负荷端未补偿功率因数较低，变压器低压侧到各现场动力箱的电缆计算电流偏大，电缆截面相应调大；采用现场分散就地补偿，电缆线路部分未补偿，变压器低压侧功率因数不高。一般考虑将两种方案结合，即现场补偿结合变压器低压侧集中补偿的方式。

C　智能电容器

对于现场就地补偿方式，考虑到现场动力箱的尺寸、维护方式和补偿容量等，可采用智能电容器补偿方式。

与传统电容器就地补偿比较，智能电容器就地补偿具有以下优点：

（1）模块集成度高，体积小，可装入配电箱中，安装方便。

（2）智能电容器在电机投入后，根据回路无功情况自动投入，过零投切，不会引起过电压，功率因数可以补偿到 0.95 以上。

（3）多台电机统一补偿，电容器利用率高，选型方便，所有设备都能得到补偿。

（4）模块化设计，规格型号少，互换性强，维护方便。

下面简要介绍智能电容器的结构及接线方式。

智能电容器容量：采用模块化设计，每个模块设置 2 个三相补偿回路，每回路可以选择三相同时投切或分相投切。电容器容量可选择 5kvar、10kvar、20kvar 三种规格，组合容量 10~40kvar，级差为 5kvar。

智能电容器结构：全部元器件安装在一个布局紧凑的机箱内（尺寸约 340mm×70mm×300mm）。模块采用上下层可分拆结构，上层为智能测控、开关、保护单元，下层为电容器。

智能电容器补偿控制：抗干扰单片机为核心的测控单元实现控制和保护；以复合开关取代交流接触器，方便实现过零投切，消除涌流和操作过电压；通过通信接口进行扩展。

智能电容器的接线方式见图 3.1。

单台智能电容器有 8 个接线端子和 2 个 RJ45 数据线接口。8 个端子中，3 个为电压端子 L_1、L_2、L_3 连接到配电箱隔离开关后的母排上；3 个为电容器输出的运行信号端子，可连接信号灯，显示运行情况，公共端接到 N 线上；剩下 2 个端子连接到配电箱的 N、PE 母排即可。

互感器设有 RJ45 接口供连接数据线，电流信号通过 RJ45 口用数据线引入智能电容。如果有上位机系统，可通过另一个 RJ45 向系统传输补偿信息。

如果配电箱负荷容量较大，一个模块不能满足要求，可选用多个模块并联使用，接线见图 3.1（b）。模块的 8 个端子接线与单模块相同，增加的模块不需再采集电流信号，用数据线与前面的模块串联即可实现多模块自动投切。

对于多个配电箱链接供电的情况，计算补偿容量时，可把各配电箱负荷相加进行计算，统一选择模块，如果需要多个模块，可分散安装在各配电箱中，接线按图 3.1（b）连接即可。这时应注意，电流信号采集必须在第 1 个配电箱的电源侧增设 1 只电流互感器采集总电流信号，不能采用配电箱隔离开关后的电流互感器采集配电箱的分电流信号。各模块的电压信号应连接到各配电箱隔离开关上端头。

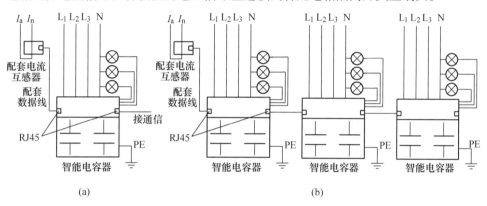

图 3.1　智能电容器的接线方式

（a）单模块接线；（b）多模块接线

在存在大量单相负荷的场合，当各相负荷在三相上负荷分配不平衡，或使用存在不同期时，会造成不对称负荷，形成较大的不对称电流，导致降低电能质量和造成较大的电力损耗。

对于三相严重不平衡的线路，如果采用三相电容器同时补偿，取某一相的电流信号判断功率因数，进行无功补偿，则对无功功率补偿不够准确，会造成某些相过补偿或欠补偿。为此这种场合可采用分相补偿的方式。

3.4.2　电压降计算

由于综合管廊各个功能节点、各个现场用电设备的位置相对于其他场合供配电系统来讲相对分散。所以综合管廊内的低压配电系统的特点之一，是配电线路普遍较长，会对处于配电末端的用电设备的电压有较大影响。下面讨论电压降计算的有关内容。

《供配电系统设计规范》（GB 50052—2009）第 5.0.4 条中电压偏差的有关规

定："1. 电动机为±5%额定电压。2. 照明：在一般工作场所为±5%额定电压；对于远离变电所的小面积一般工作场所，难以满足上述要求时，可为+5%，−10%额定电压；应急照明、道路照明和警卫照明等为+5%，−10%额定电压。3. 其他用电设备当无特殊规定时为±5%额定电压。"

为满足上述条件，有效可行的方法是控制配电距离，重点对综合管廊内电动机的压降进行校核，看其是否满足规范要求。根据《工业与民用配电设计手册》（第 4 版）表 9.4-3 线路电压降的计算公式见式 3.11 和式 3.12。

$$\Delta u\% = \frac{\sqrt{3}}{10U_\mathrm{n}}(R_0\cos\varphi + X_0\sin\varphi)Il = \Delta u_\mathrm{a}\%Il \tag{3.11}$$

得到：
$$l = \frac{10U_\mathrm{n}\Delta u\%}{\sqrt{3}(R_0\cos\varphi + X_0\sin\varphi)I} = \frac{\Delta u\%}{\Delta u_\mathrm{a}\%I} \tag{3.12}$$

式中　$\Delta u\%$——线路电压损失百分数，%；

$\Delta u_\mathrm{a}\%$——三相线路每 1A·km 的电压损失百分数，%A·km；

U_n——标称线电压，kV；

R_0，X_0——三相线路单位长度的电阻和感抗，Ω/km；

I——负荷计算电流，A；

l——线路长度，km。

表 3.3 是根据上述公式计算的管廊内常见的几种功率下电动机由变压器低压侧一级配电方式下的最远配电距离。

表 3.3　几种电动机最远配线距离计算结果（$\cos\varphi = 0.82$，$\Delta u\% = \pm5\%$）

序号	设备功率/kW	额定电流/A	电缆截面/mm²	$\Delta u_\mathrm{a}\%$/%A·km	允许长度/km
1	3	7.1	4	2.0	0.352
			6	1.35	0.521
2	7.5	16	10	0.85	0.368
			16	0.55	0.568
3	11	23	16	0.55	0.395
			25	0.35	0.621
4	22	44	25	0.35	0.325
			35	0.26	0.437

由此可以看出，增大导线截面可以减少线路过长而带来的电压降问题。二级配电方式下的线路电压降，可分段分别进行校验。

3.4.3　单相接地故障电流计算及灵敏度校验

3.4.3.1　单相接地故障电流计算

综合管廊的低压配电系统接地型式采用 TN 系统（详见第 9 章 9.2 及 9.4

节)。单相接地故障发生在带电导体与设备外露可导电部分、装置外可导电部分、PE 线、PEN 线和大地之间，其发生的概率约占全部短路故障的 65%~70%。综合管廊内的低压配线距离通常都比较长，对线路和设备保护而言，其三相短路电流值都很小，整定保护配合困难。当灵敏性符合保护要求时，首先考虑保护电器的短路保护兼作单相接地故障保护。

单相接地短路故障属于不对称短路，通常采用对称分量法计算接地故障电流，下面介绍其故障电流的计算过程。

对于 TN 接地系统的低压配电网络，系统零序阻抗 $Z_{(0)}$ 等于相线零序 $Z_{(0)\text{ph}}$ 阻抗与 3 倍保护线的零序阻抗 $Z_{(0).\text{p}}$ 之和，负序阻抗 $Z_{(2)}$ 等于正序阻抗 $Z_{(1)}$。其零序阻抗和相保阻抗 Z_{php} 的计算公式详见式 3.13 和式 3.14。

$$
\left.
\begin{aligned}
\dot{Z}_{(0)} &= \dot{Z}_{(0).\text{ph}} + 3\dot{Z}_{(0).\text{p}} \\
R_{(0)} &= R_{(0).\text{ph}} + 3R_{(0).\text{p}} \\
X_{(0)} &= X_{(0).\text{ph}} + 3X_{(0).\text{p}}
\end{aligned}
\right\}
\tag{3.13}
$$

$$
\left.
\begin{aligned}
Z_{\text{php}} &= \frac{\dot{Z}_{(1)} + \dot{Z}_{(2)} + \dot{Z}_{(0)}}{3} \\
R_{\text{php}} &= \frac{R_{(1)} + R_{(2)} + R_{(0)}}{3} = \frac{2R_{(1)} + R_{(0)}}{3} \\
X_{\text{php}} &= \frac{X_{(1)} + X_{(2)} + X_{(0)}}{3} = \frac{2X_{(1)} + X_{(0)}}{3}
\end{aligned}
\right\}
\tag{3.14}
$$

低压配电网络简化的短路计算电路如图 3.2 所示。

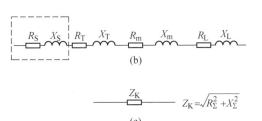

图 3.2 低压网络短路电流计算电路
(a) 系统图；(b)，(c) 元件等效电路

TN 接地系统的单相接地故障电流 I''_{k1} 的计算公式见式 3.15。

$$\left.\begin{aligned}
I''_{k1} &= \frac{cU_n / \sqrt{3}}{\dfrac{\dot{Z}_{(1)} + \dot{Z}_{(2)} + \dot{Z}_{(0)}}{3}} = \frac{1.0 \times U_n / \sqrt{3}}{\sqrt{\left(\dfrac{R_{(1)} + R_{(2)} + R_{(0)}}{3}\right)^2 + \left(\dfrac{X_{(1)} + X_{(2)} + X_{(0)}}{3}\right)^2}} \\
&= \frac{U_n / \sqrt{3}}{\sqrt{R_{php}^2 + X_{php}^2}} = \frac{220}{\sqrt{R_{php}^2 + X_{php}^2}} = \frac{220}{Z_{php}} \text{kA} \\
R_{php} &= \frac{R_{(1)} + R_{(2)} + R_{(0)}}{3} = R_{php.s} + R_{php.T} + R_{php.m} + R_{php.L} \\
X_{php} &= \frac{X_{(1)} + X_{(2)} + X_{(0)}}{3} = X_{php.s} + X_{php.T} + X_{php.m} + X_{php.L}
\end{aligned}\right\} \tag{3.15}$$

式中　R_{php}——低压网络相保电阻，Ω；

　　　X_{php}——低压网络相保电抗，Ω；

　　　Z_{php}——低压网络相保阻抗，Ω。

在计算时，首先作出系统至单相接地故障点的等效电路图，接下来计算各环节的电阻、电抗和相保阻抗，最后代入式 3.15 求出 I''_{k1}。

各个环节的电阻、电抗和相保阻抗的计算过程如下：

（1）高压侧系统阻抗：低压系统短路计算时，要将高压侧的系统阻抗归算到低压侧，其计算公式见式 3.16。

$$Z_s = \frac{(cU_n)^2}{S''_s} \times 10^3 \text{m}\Omega \tag{3.16}$$

式中　　U_n——变压器低压侧标称电压，0.38kV；

　　　　c——电压系数，计算三相短路电流时取 1.05，计算单相短路电流时取 1.0；

　　　　S''_s——变压器高压侧系统短路容量，MVA；

R_s，X_s，Z_s——归算到变压器低压侧的高压系统电阻、电抗和阻抗。

高压侧电阻 R_s 和电抗 X_s 可近似认为：$R_s = 0.1X_s$，$X_s = 0.995Z_s$。

常用的 10(20)kV 配电变压器采用 Dyn11 联结组别的变压器，低压侧发生单相接地故障时零序电流不能在高压侧流通，则高压侧系统零序阻抗 $R_{(0).s} = 0$，$X_{(0).s} = 0$。高压侧相保阻抗计算公式见式 3.17。

$$\left.\begin{aligned}
R_{php.s} &= \frac{R_{(1).s} + R_{(2).s} + R_{(0).s}}{3} = \frac{2R_{(1).s}}{3} = \frac{2R_s}{3} \text{m}\Omega \\
X_{php.s} &= \frac{X_{(1).s} + X_{(2).s} + X_{(0).s}}{3} = \frac{2X_{(1).s}}{3} = \frac{2X_s}{3} \text{m}\Omega
\end{aligned}\right\} \tag{3.17}$$

（2）变压器阻抗：变压器系统阻抗 R_T、X_T 计算见式 3.18。

Dyn11 联结组别的变压器负序阻抗 $R_{(2).T}$ 等于正序阻抗 $R_{(1).T}$，零序阻抗 $R_{(0).T}$ 和相保阻抗 $R_{php.T}$ 也近似等于正序阻抗。变压器的阻抗值数据也可以通过制造厂商的测试资料中得到，还可以通过查询有关设计手册得到。

$$\left.\begin{aligned} R_T &= \frac{\Delta P}{3I_r^2} \times 10^{-3} = \frac{\Delta P U_r^2}{S_{rT}^2} \times 10^{-3} \\ X_T &= \sqrt{Z_T^2 - R_T^2}, \ Z_T = \frac{u_k\%}{100} \cdot \frac{U_r^2}{S_{rT}} \end{aligned}\right\} \quad (3.18)$$

（3）线路阻抗：单相接地故障电路中的相保阻抗 Z_{php} 计算见式 3.19。也可以通过查询电缆厂家资料，以及有关设计手册得到。

$$\left.\begin{aligned} Z_{php} &= \sqrt{R_{php}^2 + X_{php}^2} \\ R_{php} &= \frac{1}{3}\big[R_{(1)} + R_{(2)} + R_{(0)}\big] = \frac{1}{3}\big[R_{(1)} + R_{(2)} + R_{(0).ph} + 3R_{(0).p}\big] = R_{ph} + R_p \\ X_{php} &= \frac{1}{3}\big[X_{(1)} + X_{(2)} + X_{(0)}\big] = \frac{1}{3}\big[X_{(1)} + X_{(2)} + X_{(0).ph} + 3X_{(0).p}\big] \end{aligned}\right\}$$

$$(3.19)$$

式中　　R_p，$R_{(0).p}$，$X_{(0).p}$——线路保护线的电阻、保护线的零序电阻和保护线的零序电抗；

　　　　R_{ph}，$R_{(0).ph}$，$X_{(0).ph}$——线路相线的电阻、相线的零序电阻和相的零序电抗；

　　　$R_{(1)}$，$X_{(1)}$，$R_{(2)}$，$X_{(2)}$——线路的正序电阻、正序电抗、负序电阻、负序电抗；

　　　　　　$R_{(0)}$，$X_{(0)}$——线路的零序电阻、零序电抗，$R_{(0)} = R_{(0).ph} + 3R_{(0).p}$，$X_{(0)} = X_{(0).ph} + 3X_{(0).p}$。

3.4.3.2　单相接地故障灵敏度校验

TN 系统为防电击其保护电器的动作特性应满足式 3.20 的要求：

$$Z_s I_a \leqslant U_0 \quad (3.20)$$

式中　　Z_s——接地故障回路阻抗，Ω；

　　　I_a——保证保护电器自动切断电源的动作电流，A；

　　　U_0——相线对地标称电压，V。

采用断路器瞬时动作，或者短延时动作作为单相接地故障保护时，接地故障电流 I''_{k1} 与瞬时动作或者短延时动作电流比值需满足：

$$K_{sen} = I''_{k1}/I_a \geqslant 1.3 \quad (3.21)$$

式中　　K_{sen}——灵敏度；

　　　I''_{k1}——接地故障电流，A。

下面通过例子说明单相接地故障电流的计算及灵敏度校验。综合管廊内某吊装口内设一台排水泵，设备功率为 3kW。其配电的路径为：变压器低压侧引一回 ZRYJV-1kV 1（4×50+1×25）的动力电缆至吊装口动力配电箱，再由动力配电箱引一回 ZRYJV-1kV 1（4×4）的动力电缆至该排水泵。具体的有关参数值和相应的低压网络计算电路图如图 3.3 所示，现计算单相接地故障电流及保护电器的保护整定值。

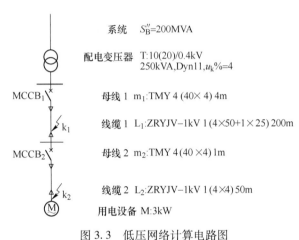

图 3.3　低压网络计算电路图

计算结果详见表 3.4。

表 3.4　单相接地故障电流计算表

电路元件	短路点	元件阻抗/mΩ				短路点阻抗/mΩ		单相短路电流/kA
		R	X	R_{php}	X_{php}	Z_k	Z_{php}	
1. 系统 S		0.08	0.80	0.05	0.53			
2. 变压器 T		7.81	23.75	7.81	23.75			
3. 母线 m_1		0.74	0.85	1.49	1.80			
4. 线路 L_1		70.20	18.00	316.00	44.00			
1+2+3+4	k_1	78.83	43.40	325.35	70.08	90.00	332.81	0.66
5. 母线 m_2		0.19	0.21	0.37	0.45			
6. 线路 L_2		215.00	6.00	838.50	14.00			
5+6	k_2	294.02	49.61	1164.20	84.54	298.00	1167.29	0.19

据此计算结果设定 $MCCB_1$、$MCCB_2$ 的整定值如下：

$MCCB_1$：根据前面的计算，$P_c = 43kW$，$I_c = 76.9A$，选择壳架电流 $I_k = 160A$，额定电流 $I_n = 100A$ 的塑壳断路器，断路器整定值：$I_{set1} = 0.8I_n$，$I_{set2} = 5I_n$。

计算灵敏度 $K_{sen} = I''_{k1-1}/I_{set2} = 1.322 > 1.3$，灵敏度满足要求。

$MCCB_2$：水泵计算参数，$P_c = 3kW$，$I_c = 7.1A$，选择壳架电流 $I_k = 63A$，额定电流 $I_n = 16A$ 的塑壳断路器，断路器整定值：$I_{set1} = 1I_n$，$I_{set2} = 8I_n$。

计算灵敏度 $K_{sen} = I''_{k1-2}/I_{set2} = 1.741 > 1.3$，灵敏度满足要求。

通过以上例子可以看出，要实现对单相接地故障的保护，满足其灵敏度的要求，应考虑的因素有：单相接地故障电流的大小、配线电缆的规格型号及截面大小、配线距离等。

表 3.5 是利用短延时保护或瞬时动作保护做单相接地保护情况下，变压器低压一级配电方式下，为满足单相接地故障灵敏度要求，不同电动机回路开关整定值调整及电缆截面调整保护距离的计算结果对比。

表 3.5 整定值调整及电缆截面调整下保护距离对比（$S_{rT} = 250kVA$）

序号	设备功率 /kW	额定电流 /A	保护电器整定值 (I_{set1}/I_{set3})	电力电缆规格	允许长度/m
1	3	7.1	16/192	ZRYJV-1kV 1(4×4)	178
				ZRYJV-1kV 1(4×6)	268
			16/160	ZRYJV-1kV 1(4×4)	216
2	15	29.0	40/480	ZRYJV-1kV 1(4×10)	165
				ZRYJV-1kV 1(4×16)	263
			40/400	ZRYJV-1kV 1(4×10)	202

针对综合管廊配电线路较长，接地故障电流较小，用短路保护电器难以满足其灵敏性要求，可采取的提高单相接地故障保护的措施有：

（1）提高接地故障电流 I''_{k1} 值。具体有：

1）选用 Dyn11 接线组别的变压器。因为其零序阻抗较小，使单相接地故障电流 I''_{k1} 的值较其他接线组别的变压器（如 Yyn0）有明显增大。

2）增大相导体及保护接地导体的截面。增大截面减小了相保阻抗，该措施对小功率设备通过小电缆截面的电缆的单相接地故障电流有明显的增大。

3）改变线路结构。比如将架空线改为电缆，降低了线路电阻电抗，使单相接地故障电流增大。

4）缩短配线距离。采用二级配电等方式，即当线路过长，单相接地保护电器保护灵敏度不能满足要求时，在适当位置增设一级配电，使保护电器与保护设备间的配电线路距离大大缩短，使单相接地故障保护灵敏度明显增大。

（2）采用带接地故障保护的断路器。接地故障保护有两种方式，即零序电流保护和剩余电流保护。

零序电流保护也称为三相不平衡电流保护。三相四线制配电线路正常运行时，若三相负荷接近平衡，谐波电流很小，忽略正常的泄漏电流，则流过中性线

（N）的电流为 0，及零序电流 $I_N = 0$；如果三相负载不平衡，则产生零序电流，$I_N \neq 0$；如果某一相发生接地故障，零序电流 I_N 将大大增加，达到 $I_{N(G)}$。可利用检测三相不平衡电流发生的变化，取得接地故障的信号。

检测零序电流通常在断路器后的三个相线上各装设 1 只电流互感器，取 3 只电流互感器二次电流相量和，乘以互感器变比，则得到零序电流 $\dot{I}_N = \dot{I}_U + \dot{I}_V + \dot{I}_W$，零序电流保护整定值 I_{set0} 必须大于正常运行时的 PEN 线流过的最大三相不平衡电流、谐波电流和正常泄漏电流之和；而发生接地故障时必须动作。零序电流保护整定值 I_{set0} 由下式确定

$$\left. \begin{array}{l} I_{set0} \geqslant 2.0 I_N \\ I''_{k1} \geqslant 1.3 I_{set0} \end{array} \right\} \tag{3.22}$$

配电干线正常运行时的三相不平衡电流值 I_N 通常不超过计算电流的 I_c 的 20% ~ 25%，三相不平衡电流保护整定值 I_{set0} 以整定为断路器长延时脱扣整定值 I_{set1} 的 50% ~ 60% 为宜。

零序电流保护适用于 TN-C，TN-C-S 和 TN-S 系统，但不适用于谐波电流较大的配电线路。

剩余电流保护所检测的是三相电流加中性导体电流的相量和，即剩余电流 $\dot{I}_{PE} = \dot{I}_U + \dot{I}_V + \dot{I}_W + \dot{I}_N$。

三相四线配电线路正常运行时，及时三相负载不平衡，剩余电流只是泄漏电流，当某一相发生接地故障时，检测的三相电流加中性导体电流相量和不等于零，而是等于接地故障电流 $I_{PE(G)}$。

检测剩余电流通常是在三个相线和中性线上各装设 1 只电流互感器，取 4 只电流互感器二次电流相量和，乘以互感器变比，即得到剩余电流值。

为避免误动作，断路器剩余电流保护整定值 I_{set4} 应大于正常运行时线路和设备的泄漏电流总和的 2.5~4 倍。

可见，采用剩余电流保护比零序电流保护的动作灵敏度更高。零序电流保护适用于 TN-S 系统，但不适用于 TN-C 系统。

3.5　城市综合管廊低压配电系统分析

3.5.1　区段低压配电系统接线

根据前面的叙述，由于综合管廊的供配电采用"中心变配电站+现场区域变电所+基本配电单元"模式，综合管廊内的低压配电系统采用多区段分布式的结构体系。各区段的低压配电系统，由各个现场区域变电所低压配电系统，和其配电范围内的基本配电单元低压配电系统组成，如图 3.4 所示。

在各侧配电设施中，按配电对象负荷等级的不同，将其分为普通负荷配电总

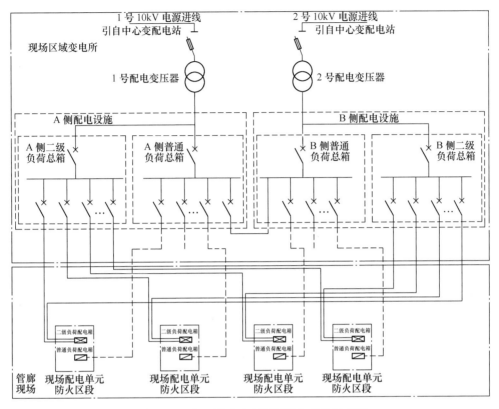

图 3.4 现场区域变电所低压配电系统示意图

箱和二级负荷配电总箱,满足不同负荷对其电源可靠性的要求。如图 3.5 所示,普通负荷配电总箱为各自方向的基本配电单元提供工作电源;二级负荷配电总箱为各自方向基本配电单元内二级负荷提供工作电源的同时,还为区段内另一方向基本配电单元二级负荷提供备用电源。

3.5.2 现场配电单元低压配电系统

在综合管廊的每个防火分区设 1 个基本配电单元。在每个防火分区内的用电负荷主要分布在各功能节点内(除照明、检修电源等负荷),所以现场配电单元的配电设施设置在功能节点内。

根据各功能节点负荷的不同,现场配电设施的设置可以采用两种方式。

(1)每个功能节点设置配电设施,其电源由现场区域变电所引来,采用放射式或树干式配电。

(2)集中在某个功能节点设置配电设施,其电源由现场区域变电所引来,采用放射式配电。

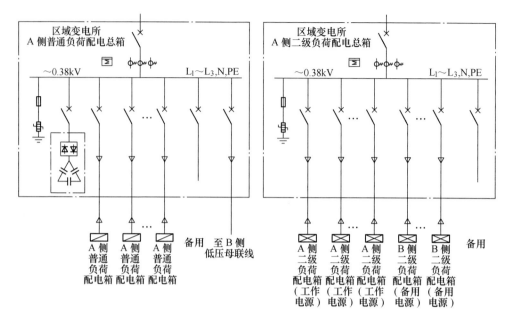

图 3.5　区段内总配电箱低压系统图

现场配电单元低压配电系统中，将普通负荷和二级负荷分开进行配电。普通负荷设置普通负荷配电箱，采用单电源进线；二级负荷设置二级负荷配电箱，采用双电源进线，两路电源进线通过 ATS 开关自动切换。

每个配电单元设置 1 套 UPS 作为监控与报警系统现场子系统电源，采用单回路进线，进线电源引自二级负荷配电箱。接线示意图见图 3.6。

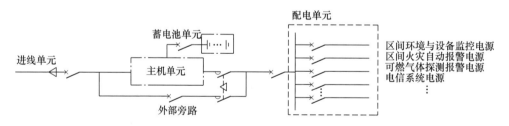

图 3.6　现场配电单元 UPS 系统示意图

3.6　城市综合管廊低压配电平面布置

低压配电平面布置图反映电气设备设置位置、安装方式和线缆走向等内容，根据配电系统形式的不同，可采取不同的布置形式来实现。

在图 3.7 给出了综合管廊中的各个配电箱设置示意图。现场区域变电所的各个出线回路，通过管线分支口引入综合管廊，各个防火分区内的主要用电负荷分布在吊装口和排风口内。在排风口内设置普通负荷配电箱和二级负荷配电箱，在吊装口内设置普通负荷配电箱。

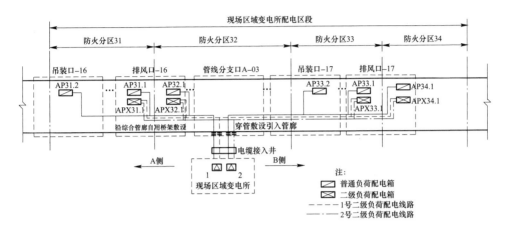

图 3.7 低压配电结线示意图

在综合管廊内部，设置检修电源箱，沿线间距不大于 60m，容量不小于 15kW，照此计算每个现场配电单元需设置 4~6 个检修电源箱，此外，各吊装口、排风口等节点内也考虑设置检修电源箱，检修箱配置单相/三相插座，以及安全电压插座，各插座回路采用带剩余电流动作保护装置。

在综合管廊设备现场设置控制箱，主要有水泵控制箱和风机控制箱等。水泵设备主要的控制方式包括机旁手动、机旁自动和集中控制；风机设备控制方式包括机旁手动、集中控制，以及参与消防联动控制。风机设备的控制箱设置于人员进出口附近。电液井盖应该能够从内部打开，操作按钮位于井盖旁。图 3.8 为综合管廊内部动力配线平面示意图。

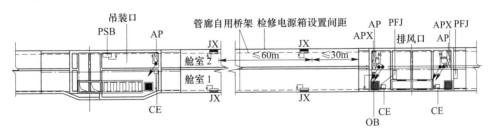

图 3.8 综合管廊段动力平面示意图

AP—普通负荷配电箱；APX—二级负荷配电箱；PFJ—风机配电箱；PSB—水泵配电箱；
JX—检修电源箱；CE—电液井盖控制箱；OB—风机控制箱

综合管廊内的电气设备应适应地下环境的要求，采取防水防潮措施，防护等级不低于 IP54，并安装于便于维护和操作的地方，且防止受到积水浸入。各动力设备的电缆敷设于综合管廊自用的桥架内，桥架采用无孔槽盒式，配管出桥架后做好防火封堵。

第4章 城市综合管廊照明系统

4.1 城市综合管廊的照明要求

综合管廊的照明系统包括普通照明系统和应急照明系统。综合管廊内照明的场所种类相对较少，主要有管廊人行道、功能节点和监控中心。在《城市综合管廊工程技术规范》（GB 50838—2015）第7.4.1条给出了上述场所的照度标准值，详见表4.1。

表 4.1 综合管廊内主要场所照度标准

序　号	场　　所	平均照度/lx
1	综合管廊人行道	15
2	出入口和设备操作处	100
3	监控室	300
4	应急疏散	5

综合管廊人行道是指巡检通道，其最低照度不小于5lx。出入口指各种功能节点，包括人员出入口、吊装口、通风口等，设备操作处指管廊内部的设备控制及操作现场，需设置局部照明满足使用要求。监控室位于监控中心，其是综合管廊的枢纽，其备用应急照明照度应维持正常照明照度。

4.2 照明光源及灯具

4.2.1 照明光源

照明光源是建筑物内外照明的人工光源，主要指电光源。按照其发光物质的不同，分为热辐射光源、固态光源和气体光源三类。详细分类见表4.2。

表 4.2 常见光源分类

热辐射光源		白炽灯、卤钨灯	
固态光源		场致发光灯、半导体发光二极管 LED、OLED	
气体放电光源	辉光放电	氖灯、霓虹灯	
	弧光放电	低气压灯	荧光灯、低压钠灯
		高气压灯	高压钠灯、金属卤化物灯、氙灯等

目前在民用建筑中使用较多的光源包括荧光灯、LED 灯，下面分别介绍其基本原理。

4.2.1.1　荧光灯

荧光灯是利用低气压的汞蒸气通电后释放紫外线，激发荧光粉发出可见光。具有结构简单、光效高、发光柔和、寿命长等优点，是高效节能光源。按其外形分为双端荧光灯和单端荧光灯。双端荧光灯绝大数是直管型，单端荧光灯有 H 形、U 形、环形、球形和螺旋形等。

直管荧光灯的功率在 10~60W 之间，单端荧光灯功率在 10~50W 之间。其光通量约 70~90lm/W。

4.2.1.2　LED 灯

LED 灯是利用固体半导体芯片作为发光材料，当其两端加上正向电压，半导体载流子发生复合引起光子发射产生光。有发光效率高、使用寿命长、体积小、响应时间短、安全环保、调光方便等优点。光效能够达到 70~120lm/W。

综合管廊采用节能型光源，并能快速启动点亮，优先考虑 LED 灯和节能型荧光灯。

4.2.2　照明灯具

照明灯具是指各类照明器具，其主要作用有：
(1) 固定光源，使电流安全地流过光源；
(2) 为光源和光源的控制驱动装置提供机械保护；
(3) 控制光源发出光线的扩散程度；
(4) 限值直接眩光，防止反射眩光；
(5) 电击防护，保证用电安全；
(6) 保证特殊场合的照明安全，如防爆、防水和防尘灯。

照明灯具的光学特性包括：光强分布、灯具效率、亮度分布和遮光角、利用系数、最大允许距高比等。

照明灯具按配光曲线的不同分为直接型、半直接型、漫射型、半间接型和间接型灯具。灯具按照其安装方式分类，主要有吊灯、吸顶灯、嵌入灯和壁灯等。表 4.3 列出了不同安装方式的灯具特点及适用场所。

表 4.3　常用灯具的特点及适用场所

安装方式	吊　灯	吸顶灯	嵌入灯	壁　灯
特　征	光利用率高；易于安装维护；费用低；顶棚易出现暗区	顶棚较亮；房间明亮；眩光可控制；光利用率高；易于安装维护；费用低	与吊顶系统组合；眩光可控制；光利用率较低；顶棚暗；费用高	照亮壁面；易于安装维护；安装高度低；易形成眩光
适用场所	顶棚较高的照明场所	低顶棚照明场所	低顶棚，眩光要求小的照明场所	装饰照明和辅助照明

根据不同的环境条件选择灯具，比如爆炸危险场所，选择防爆灯具；潮湿场所采用有反射镀层的灯具；多尘、潮湿和腐蚀场所选用防水防尘及耐腐蚀材料灯具；易受到机械损伤、光源脱落可能造成人员伤害及财物损失的场所采取防光源脱落措施等。

综合管廊通道空间一般紧凑狭小、环境潮湿，且其中需要进行管线的安装施工作业，照明灯具的选择应与综合管廊内的环境特征相适应，主要采用吸顶灯和壁灯等类型。应急照明灯具采用消防专用型，燃气舱灯具采用防爆型灯具。

普通灯具应为防触电保护等级 I 类设备，能触及的可导电部分应与固定线路中的保护（PE）线可靠连接，严禁使用 0 类灯具。灯具应采取防水防潮措施，防护等级不宜低于 IP54，并应具有防外力冲撞的防护措施。

4.3 照明照度计算

4.3.1 平均照度计算的相关参数

国家标准中给出的照度标准都是指参考面上的平均照度，参考面即离地 0.75m 的水平面。参考面上的平均照度考虑了由光源直接投射到工作面上的光通量和经过反射再投射到工作面的光通量。

平均照度除了与照明光源的参数及其布置有关，还与房间的尺寸、各表面反射情况有很大的关系，比如大而矮的房间，工作面从照明光源处获得的直射光通量比例就大一些，光的利用率就高一些；反之，小而高的房间，光的利用率偏低。根据上述分析，在照明平均照度的计算中，引入一些参数来表征上述影响因素，主要包括利用系数 U、室形指数 RI、室空间比 RCR 和灯具维护系数 K 等。

利用系数 U 是指投射到工作面上的光通量与自光源发射出的光通量之比。利用系数是和灯具光强分布、灯具效率、被照对象的尺寸、室内表面反射比等参数有关，计算工作量大，且过程较为复杂，通常通过查利用系数表得到该值。查表时需要事先知道室形指数、室空间比、有效顶棚反射比和墙反射比。

室内空间比的计算公式如下：

$$\left.\begin{array}{l} RCR = \dfrac{5h_r(l+b)}{lb} \\[2mm] CCR = \dfrac{5h_c(l+b)}{lb} = \dfrac{h_c}{h_r}RCR \\[2mm] FCR = \dfrac{5h_f(l+b)}{lb} = \dfrac{h_f}{h_r}RCR \\[2mm] RI = \dfrac{lb}{h_r(l+b)} = \dfrac{5}{RCR} \end{array}\right\} \qquad (4.1)$$

式中　RCR——室空间比；

　　　CCR——顶棚空间比；

　　　FCR——地板空间比；

　　　RI——室形指数；

　　　　l——室长，m；

　　　　b——室宽，m；

　　　h_c——顶棚空间高度，m；

　　　h_r——室空间高度，m；

　　　h_f——地板空间高度，m。

室内空间反射比的计算公式如下：

$$\left. \begin{array}{l} \rho_{\mathrm{eff}} = \dfrac{\rho A_0}{A_s - \rho A_s + \rho A_0} \\[3mm] \rho = \dfrac{\displaystyle\sum_{i=1}^{N} \rho_i A_i}{\displaystyle\sum_{i=1}^{N} A_i} \\[3mm] \rho_{\mathrm{wav}} = \dfrac{\rho_w (A_w - A_g) + \rho_g (A_g)}{A_w} \end{array} \right\} \tag{4.2}$$

式中　ρ_{eff}——有效空间反射比；

　　　A_0——空间开口平面面积，m²；

　　　A_s——空间表面积（顶棚和四周墙面积），m²；

　　　ρ——空间表面平均反射比；

　　　ρ_i——第 i 个表面反射比；

　　　A_i——第 i 个表面面积，m²；

　　　N——表面数量；

　　　A_w——墙的总面积（包括窗面积），m²；

　　　ρ_w——墙面反射比；

　　　A_g——玻璃窗或装饰面积（包括窗面积），m²；

　　　ρ_g——玻璃窗或装饰反射比。

从上述分析可以看出，精确的反射比计算量较大。表 4.4 给出了实际建筑表面反射比的近似值。

表 4.4　建筑表面反射比近似值

建筑表面情况	反射比/%
刷白的墙壁、顶棚、窗子装有白色窗帘	70
刷白的墙壁，但窗子未装窗帘或挂有深色窗帘；刷白的顶棚，但房间潮湿；虽未刷白，但墙壁和顶棚干净光亮	50

续表 4.4

建筑表面情况	反射比/%
有窗子的水泥墙壁、水泥顶棚；木墙壁、木顶棚；糊有浅色墙纸的墙壁、顶棚；水泥地面	30
有大量深色灰尘的墙壁、顶棚；无窗帘遮蔽的玻璃窗；未粉刷的砖墙；糊有深色墙纸的墙壁、顶棚；较脏污的水泥地面、油漆、沥青等地面	10

综合管廊的灯具维护系数，根据环境污染特征和灯具最少擦拭次数确定。表4.5 是维护系数的选用表。

表 4.5 维护系数

环境污染特征		房间或场所举例	灯具每年最少擦拭次数/次	维护系数值
室内	清洁	卧室、办公室、影院、餐厅、体育馆、教室、阅览室、检验室等	2	0.8
	一般	候车室、机加工车间、装配车间等	2	0.7
	污染严重	公共厨房、锻工车间、铸工车间等	3	0.6
开敞空间		雨棚、站台等	2	0.65

4.3.2 平均照度计算方法

照明平均照度的计算方法主要采用利用系数法，该方法适用场合较广，计算结果也比较准确。利用系数法计算平均照度的计算公式如式 4.3 所示。

$$E_{av} = \frac{N\Phi UK}{A} \qquad (4.3)$$

式中 E_{av}——被照面上的水平平均照度，lx；

N——投光灯盏数；

Φ——投光灯中光源的光通量，lm；

U——利用系数，查阅相关设计手册；

A——被照面的面积，m²；

K——灯具维护系数，取 0.6~0.8。

通过上述分析，总结一下应用利用系数法计算平均照度的主要步骤如下：

（1）收集照明原始数据：灯具光源的光通量 Φ，被照空间尺寸，布灯方案等。

（2）计算空间比：RCR、CCR 和 FCR。

（3）计算有效顶棚空间、墙面和地面的平均反射比 ρ，或查有关设计手册。

（4）查利用系数 U（查厂家样本或设计手册）。

（5）查灯具维护系数（表 4.5）。

（6）由式4.3计算平均照度。

下面以综合管廊某舱室为例（断面尺寸3.2m×3.0m），采用1×18W的LED直管灯，光通量 $\Phi=1580\text{lm}$，吸顶安装，均匀布置，灯具安装间距6m，现计算该舱室的平均照度值。

首先，取一个直管灯光源对应的照明区域作为计算单元，灯具该计算单元的空间尺寸为6m×3.2m×3.0m。

根据上述计算公式，计算参数 $RI=(6\times3.2)/[3\times(6+3.2)]=0.73$，查利用系数表 U 取 0.30~0.32；查表维护系数 $K=0.6$；被照面的面积 $A=6\times3.2=19.2\text{m}^2$

平均照度 $E_{av}=[1580\times0.6\times(0.3\sim0.32)]/(6\times3.2)=14.81\sim15.80\text{lx}$，能够满足舱室的照度要求。

照明计算工作量较大，在一些工程中计算的复杂程度高。随着计算机技术和软件技术的发展，有关照明设计计算软件已经发展到较高的水平，照明计算软件能够为照明设计人员提供快速准确的计算结果。

照明计算软件包括专业照明计算软件和照明工程设计软件两种。

专业照明计算软件一般由灯具设备厂家（比如飞利浦等）提供，该类软件仅适用于本公司产品的设计和计算，不能适用于其他企业产品的工程设计。还有一部分专业照明计算软件来自于通用软件开发公司的产品，如DIALux、Relux、AGI，能够适用与多数企业的灯具产品的计算。

照明工程设计软件包括照度计算、设备布置、材料统计和配电系统设计等，功能较多，其一般包含在电气设计软件中，如北京天正、北京博超时代等公司的绘图设计软件都具有相应的计算子程序。

4.4　普通照明系统

综合管廊内的普通照明系统的灯具主要设置在管廊区域。参考上一节的计算结果，为满足15lx的平均照度值，普通照明灯具的布灯方案可采用如下配置：

每6m设置一盏1×18W的直管LED灯，按一个防火分区200m计算，单舱共设置约29盏。单舱照明设备功率约0.53W，双舱内的照明设备功率1.1kW，因此普通照明也可不设置专门的普通照明配电箱，其照明回路的电源由该区域内的基本配电单元的普通负荷配电箱提供。普通负荷配电箱的照明回路，可采用按舱室分配回路；以及以配电箱为中心，向管廊的两侧分回路进行配线。根据有关规范，由于照明回路配线电线为 2.5mm^2，每个回路的电流不超过16A，灯具不超过25盏。当某个照明回路超过25盏时，须采用三相供电。

普通照明回路应采用剩余电流动作保护器作为保护装置，保护器动作电流不大于30mA。对于安装高度低于2.2m的狭窄特殊场合，应采用不大于50V的安全电压供电。

普通照明回路的控制模式，采用智能控制系统，既可以在现场手动控制，又可实现在控制中心远程集中控制，现场照明控制开关设在各防火分区防火门外墙上及各出入口附近墙上。图4.1是普通照明回路的控制原理图，综合管廊内的普通照明灯具通过三地现场控制（$SS_1 \sim SS_3$，$ST_1 \sim ST_3$）以及通过系统集中控制（$KA_1 \sim KA_2$）。

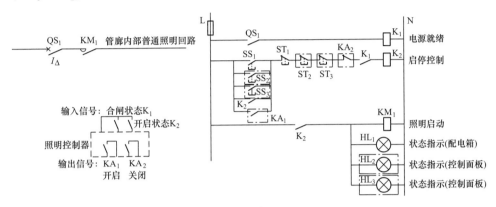

图 4.1 照明回路控制原理图

4.5 应急照明系统

应急照明是因正常照明电源失效而启用的照明。当电源中断时，应急照明对人员疏散，保证人身安全，保证工作的继续运行、生产和运行中必需的操作或处置。在《建筑照明设计标准》（GB 50314）中应急照明分为疏散照明、安全照明和备用照明；在《建筑设计防火规范》（GB 50016）中应急照明分为消防应急照明和疏散指示标志。

（1）备用照明设置场所：

1）消防控制室、消防水泵房、自备发电机房、配电室、排烟机房以及发生火灾时仍需正常工作的消防设备房。

2）金融建筑中的营业厅、交易厅、理财室、离行式自助银行、保管库等金融服务场所；数据中心、银行客服中心的主机房；消防控制室、安防监控中心、电话总机房、变配电所、发电机房、气体灭火设备房等重要辅助设备机房。

3）二级至四级生物安全实验室及实验工艺有要求的场所。

4）医疗建筑中的重症监护室、急诊通道、化验室、药房、产房、血库、病例实验室等需确保医疗工作正常进行的场所。

（2）疏散照明设置场所：除建筑高度小于27m的住宅建筑外，民用建筑、厂房和丙类库房的下列部位应设置疏散照明：

1）封闭楼梯间、防烟楼梯间及其前室、消防电梯间的前室及合用前室和避难层（间）。

2）观众厅、展览厅、多功能厅和建筑面积大于 2000m² 的营业厅、餐厅、演播室等人员密集场所。

3）建筑面积大于 100m² 的地下或半地下公共活动场所。

4）公共建筑内的疏散通道。

5）人员密集的厂房内的生产场所及疏散走道。

（3）疏散指示标志设置场所：公共建筑、高度大于 54m 的住宅建筑、高层厂房（库房）和甲乙丙类单、多层厂房，应设置灯光疏散指示标志。

1）应设置在安全出口和人员密集场所的疏散门正上方。

2）应设置在疏散走道及其转角处距地 1m 以下的墙面或地面上。灯光疏散指示标志间距不大于 20m；对于袋形走道，不应大于 10m，在走道转角区，不应大于 1m。

3）对于空间较大、人员密集场所，要增设辅助的疏散指示标志以利于疏散。

根据上述分类，综合管廊内的应急照明包括疏散照明和备用照明。疏散照明是用于确保疏散通道被有效地辨识和使用的应急照明，包括应急疏散照明灯、安全出口灯、疏散方向标志灯等；备用照明表示对监控中心等在火灾时仍需工作的场所的照明，且备用照明的最低照度不低于正常照明的照度。

消防应急照明系统可分为：自带电源集中控制系统、自带电源非集中控制系统、集中电源集中控制系统和集中电源非集中控制系统。

集中电源通常采用 EPS，EPS 分为直流制式和交流制式两种，EPS 供电系统中的灯具不自带蓄电池组。表 4.6 是 EPS 与自带电源型应急灯具的比较。

表 4.6　EPS 与自带电源型应急灯具的比较

比较项目	EPS	自带电源型应急灯具
构成特点	电源集中设置，灯具不带蓄电池组	灯具带蓄电池组
转换时间	安全级：≤0.25s，一般型：≤0.5s	安全级：≤0.25s，一般型：≤0.5s
寿命	较长	较短
电源故障率	低（集中）	高（分散）
电源故障影响	故障影响面大	单灯故障影响面小
检测与管理	容易	不易
适用场所	功能复杂、大型建筑物	较小建筑物
与消防联动	容易	不易

通过上述对比，从适用场所、消防联动性、故障率和维护便利性等方面来考虑，综合管廊的应急疏散照明系统的电源采用 EPS 较为适合。

EPS 容量选择按式 4.4 选择

$$S_n > K\sum P/\cos\varphi \tag{4.4}$$

式中　S_n——EPS 容量，kVA；

　　$\sum P$——EPS 所带全部负荷之和，kW；

　　$\cos\varphi$——功率因数；

　　K——可靠系数，1.1~1.3。

综合管廊内一套现场 EPS 对应于现场区域变电所的供电范围内的所有应急照明灯具，而一个配电基本单元疏散应急照明灯具约 34 盏，疏散指示标志灯具约 30 盏，则根据式 4.4 计算 EPS 容量为 $S_n = 1.2 \times [4 \times (34 \times 18 + 30 \times 3)]/1000/0.9 = 3.74$kW，取 4kW（$K$ 取 1.2）。

备用电源 EPS 的持续供电时间按如下规定：

（1）建筑高度大于 100m 的民用建筑，不应小于 1.5h。

（2）医疗建筑、老人建筑、总面积大于 100000m^2 的公共建筑和总建筑面积大于 20000m^2 的地下、半地下建筑，不应小于 1h。

（3）其他建筑，不应小于 0.5h。

综合管廊的 EPS 系统持续供电时间，按 1h 配置。

图 4.2 为采用集中电源管理系统的综合管廊应急照明系统。综合管廊的应急照明 EPS 系统采用一个现场区域变电所设置 1 套 EPS 主机，在每个基本配电单元设置应急照明 EPS 配电箱，EPS 主机至配电箱采用放射式配电，EPS 系统采用三相进线和出线。

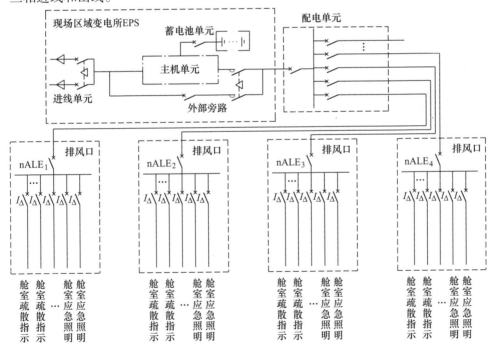

图 4.2　现场区域应急照明 EPS 配电系统

综合管廊内的应急疏散照明系统的灯具主要设置在管廊区域和各功能节点区域。对于应急照明灯具，可兼做一般照明。相应的布灯方案为：功能节点内全采用应急照明灯具，在满足普通照度要求情况下，管廊内部每间隔几盏普通直管灯后，设置1盏相同功率的应急照明直管灯。应急疏散灯具的安装距离不大于20m，在各防火门正上方和液压逃生井盖处设置安全出口灯。在应急疏散灯具普遍使用LED光源。

4.6　照明控制及智能照明

照明系统需设置相应的照明控制，照明控制的作用主要体现在以下方面：

（1）通过分区分组的照明控制，是实现节能的重要手段。

（2）采用照明控制减少了开灯时间，延长光源寿命。

（3）照明控制可以根据不同的照明需求，改善工作环境，提高照明质量。

（4）对于同一空间，照明控制可以实现多种照明效果。

照明控制的发展经历了手动控制、自动控制和智能控制三个阶段。相应的控制的方式主要有以下几种：翘板开关或拉线开关控制、定时开关或声光控开关控制、断路器控制和智能控制等。

随着现代电子计算机技术、微电子技术和自动控制技术的发展，照明控制技术进入了智能化控制的新阶段。作为建筑智能化的重要组成部分之一，智能照明技术随着建筑智能化的兴起而迅速发展。

智能照明控制采用全数字、模块化和分布式结构，由输入单元、输出单元和系统单元构成。输入单元包括控制面板、显示触摸屏、智能传感器和时钟管理器等；输出模块包括开关控制模块、调光控制模块等。系统单元主要有供电单元、系统网络和监控管理计算机等。

智能照明控制系统的型式，按其网络的拓扑结构，分为集中型和分布型。

集中型智能照明控制系统采用星型网络结构，以中央控制器为中心，把若干外围节点连接起来，将各照明控制器、控制面板和智能传感器设备均接入中央控制器。集中式智能照明系统适用于规模较小、分布区域不大的场合。

分布式智能照明系统以监控管理机为中心，组建控制主干网和多个控制子网，把各照明控制器、控制面板和智能传感器设备通过总线接入各个控制子网。各子网可独立运行，实现分散控制，提高可靠性。

目前智能照明控制有以下几种类型：

（1）建筑设备监控系统控制。设有建筑设备监控系统（building automation system，BAS系统）的建筑，利用BAS系统控制照明，基本上采用直接数字控制（direct digital control，DDC）。

（2）总线回路控制。利用通信总线，采用照明控制专用协议进行回路控制。

（3）数字可寻址照明接口控制。数字可寻址照明接口（digital addressable lighting interface，DALI）通过网络接口把拥有独立地址的控制装置和设备互联，实现控制信息的下达和状态的反馈，能够做到精确控制。

（4）数字多路复用控制。数字多路复用控制（digital multiplex，DMX）以数据帧为单位进行传输，按串行方式进行数据发送和接收，数字化设备设置DMX接口。

（5）TCP/IP网络控制。采用基于TCP/IP协议组建照明局域网，从而进行控制。

（6）无线控制。采用基于网络的无线通信技术应用于照明控制，主要方式有GPRS、ZigBee和Wi-Fi等。

图4.3和图4.4是总线回路控制型智能照明控制系统的系统组网示意图，其适用于公共区域等场合的照明。公共区域的各照明回路利用照明i-Bus总线进行控制，各照明箱通过RS485/CAN总线组网，以及通过监控计算机编程配置，形成智能照明管理控制系统，便于统一管理及节能实现。

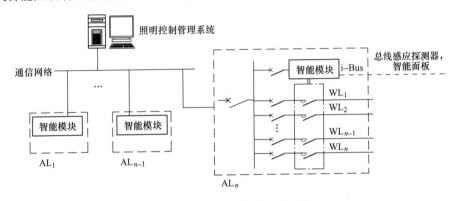

图4.3　现场区域智能照明系统

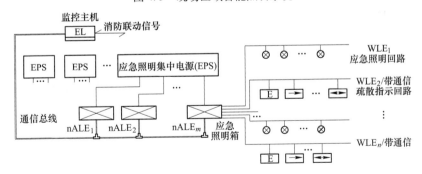

图4.4　智能应急疏散照明系统

应急照明系统由应急照明箱、应急照明集中电源及应急疏散灯具组成，应急照明系统接入消防联动控制系统。其中疏散指示灯具带通信地址，每个回路可最多接入63个地址设备，按设计规范每回路按25盏疏散指示灯具配置。

第5章 城市综合管廊监控与报警系统

5.1 城市综合管廊的监控与报警系统构成

5.1.1 监控与报警系统组成及功能

城市综合管廊的监控与报警系统是对综合管廊本体环境、附属设施进行在线监测、控制，对非正常工况及事故进行报警；并兼具与管线管理单位或相关管理部门通信功能的各种系统的总成。综合管廊的监控与报警系统由环境与设备监控子系统、安全防范子系统、通信子系统、火灾自动报警子系统和地理信息子系统等构成，并合理有效地搭建一套统一管理信息平台。

环境与监控子系统实现对管廊内环境参数的监测与报警；同时对通风设备、排水设备和电气设备进行状态监测和控制；提供通信接口与管线配套系统及统一管理平台进行信息交互。

安全防范子系统完成视频安防监控、出入口控制、入侵探测及报警、电子巡查管理等。

火灾自动报警系统包含了火灾自动探测报警、消防联动及自动灭火。此外电气火灾监控、防火门监控和可燃气体探测等部分，也可以纳入火灾自动报警系统进行统一配置。

通信子系统采用有线和无线通信两种方式，实现管廊内各处之间，以及与监控中心的稳定的通信。

地理信息子系统是综合了管廊的基本地理数据、管线布置、拓扑结构等信息，能够进行数据的管理、维护、更新和共享，以及为监控与报警系统的统一管理平台提供人机交互画面（由于地理信息系统属于信息化范畴，与其他诸系统不是一个层次上的系统，在《城镇综合管廊监控与报警系统工程技术标准》（GB/T 52174—2017）中，未将地理信息子系统列入监控与报警系统）。

综合管廊统一管理平台是对综合管廊监控与报警系统各组成系统进行集成，满足对内管理、对外通信、与管线管理单位、相关管理部门协调等需求，具有综合处理能力的系统。

综合管廊统一管理平台具备的功能包括：

（1）具有监视监测及控制、报警管理、数据采集存储等功能，以及数据挖掘、趋势分析等功能。

（2）具有应急方案预设、入廊管线数据管理、系统维护和诊断，以及运维管理功能。

（3）具有权限管理、系统组态等功能，以及报表生成及打印、档案管理等功能。

（4）具有良好的人机界面，对各系统参数、设备状态、仪表信号、视频画面进行监视或控制；对各类报警分级提供画面和声光警报；对入廊管线在舱室内的空间位置和关系进行显示和管理等。

（5）具有丰富的信息通信接口，与各子系统、专业管线监控系统和各管理部门的信息平台能够进行信息交互。

（6）具有可靠性、容错性、易维护性和可扩展性。

综合管廊统一管理系统技术指标包括：

（1）冗余热备设备的切换时间不大于 5s；

（2）画面刷新时间不大于 2s；

（3）系统平均无故障时间大于 17000h；

（4）系统平均修复时间不大于 0.5h。

5.1.2　监控与报警系统结构

综合管廊监控与报警系统是各子系统的集成，上述各子系统中，统一管理信息平台和地理信息子系统一般设置于监控中心内；其余子系统采用分级结构，各子系统的管理服务器、工作站和监控软件设置在监控中心，现场检测、通信和执行等设备分布于综合管廊的各个现场舱室内部。监控与报警系统系统整体结构采用三层结构，包括信息层、控制层和设备层。

信息层设备设于综合管廊监控中心，包括数据服务器、管理工作站、安防工作站、火灾报警工作站等。采用具有客户机/服务器（C/S）结构的计算机局域网、网络采用千兆以上以太网交换机。数据服务器采用冗余形式，监控中心设备由 UPS 电源供电。

控制层由各现场控制站组成。采用百兆以上以太网交换机，星型或环形网络结构，以工业以太网及 TCP/IP 通信方式连接监控站，在综合管廊各防火分区设置区域控制单元 ACU（area control unit），各现场控制单元 ACU 可采用光纤环形网络相互通信。

设备层由仪表（空气含氧量变送器、温湿度变送器、H_2S、CH_4、有害气体探测器）、摄像机、固定电话等现场设备组成。

监控与报警系统的组成及其架构、系统配置情况的影响因素有综合管廊建设的规模、纳入管线的种类、综合管廊的运营维护管理模式等，其系统架构可采用多种可行型式。图 5.1 和图 5.2 中给出了两种系统结构。

图 5.1 中将管廊区域按防火分区进行区段划分，每 6~8 个防火分区设置 1 个区段，区段内设 1 套 ACU，ACU 内设置汇聚交换机，将各子系统的交换机接入

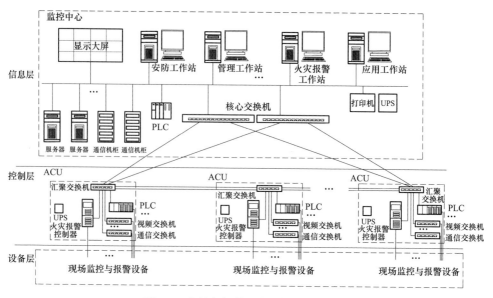

图 5.1　监控与报警系统总体结构（一）

汇聚交换机。用主干光纤环网，即监控中心的核心交换机与底层各汇聚交换机组成环网，最终将各个子系统的信息接入监控中心。在这种组网方式下，系统接线相对简单，经济性较好。

此外，各区段 ACU 内的汇聚交换机与监控中心核心交换机之间也可以采用点对点方式组网，提高系统的可靠性。

图 5.2 中采用底层各子系统组成光纤环网，再接入监控中心的核心交换机的方式。在这种组网方式下，消耗的光缆较多，接线相对复杂。但无论主干网还是

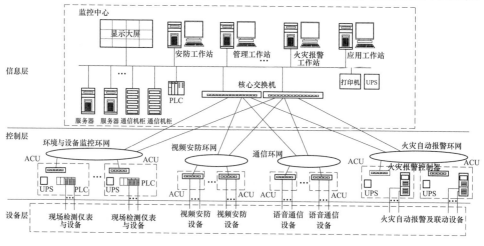

图 5.2　监控与报警系统总体结构（二）

底层环网出现断线，都不会影响系统的运行，系统可靠性较高。此外各环网之间不存在数据通信带宽的影响，如视频安防环网数据量比其他环网的大得多，采用专用网络更利于系统正常工作。

5.2 环境与设备监控子系统

5.2.1 环境与设备监控系统组成

与普通的建筑物设备监控系统相对应，综合管廊也设置 1 套环境与设备监控系统，其主要包括两大部分：管廊内环境参数的监测和对风机、水泵及电气设备的状态监控。各监测监控的任务具体包括：

（1）通风系统：包括机械通风装置运行状态、故障监测及自动控制。当区段含氧量过低，或温度过高，或湿度过高，或需人员进入进行线路检修时，启动该区间的机械通风装置，强制换气，保障工作人员安全和综合管廊设施正常运行，当发生火灾时，停止火灾区间及相邻区间的机械通风装置。

（2）排水系统：排水泵运行状态、故障报警监测及自动控制；集水坑排水泵根据液位由 ACU 控制。

（3）照明系统：区间内普通照明箱的运行和故障状态及自动控制。现场安防系统报警时，ACU 开启报警区间的照明。

（4）变配电系统：采集控制中心变配电所和区间分变配电所的电参量及主要开关状态等。

综合管廊大部分设施建于地表以下，管廊内的废气沉积、人员和微生物活动都会造成管廊内空气含氧量下降，为了保证管廊内工作人员安全，需对管廊内氧气含量进行监测。此外管廊内属于相对封闭的空间，大量的电缆等设备在工作时会产生热量，管廊内环境湿度过高，对电气自动化设备及其他设备的长期运行不利，为保证管廊内设备正常运行，有必要对管廊内环境温湿度进行监测。在《城市综合管廊工程技术规范》（GB 50838—2015）中规定了环境参数检测的内容，如表 5.1 所示。表 5.2 给出了主要设备监控的参数。

表 5.1 综合管廊环境参数检测内容

舱室容纳管线类别	给水管、再生水管、雨水管	污水管	天然气管	热力管	电力电缆、通信电缆
温度	○	○	○	○	○
湿度	○	○	○	○	○
水位	○	○	○	○	○
O_2	○	○	○	○	○
H_2S 气体	△	○	△	△	△
CH_4 气体	△	○	○	△	△

注：○—应检测；△—宜检测。

表 5.2　综合管廊主要设备监测控制内容

设备名称	输入信号	输出信号
送/排风机	设备运行信号、设备故障信号、手动/自动控制	设备启停控制
水泵	设备运行信号、设备故障信号、手动/自动控制	设备启停控制
照明配电箱	设备运行信号、设备故障信号、手动/自动控制	设备启停控制
配电柜	电量、合闸分闸状态	—
UPS	设备运行信号、设备故障信号	—

下面简要介绍管廊内环境参数检测仪表温湿度传感器、含氧量检测仪、H_2S 检测仪和 CH_4 检测仪。

（1）温湿度传感器：包括温度传感器和湿度传感器两部分。其中温度检测可采用金属膨胀传感、热电阻传感和热电偶传感几种方式，普通的空气温度传感器测量范围在 $-40 \sim 60°C$；湿度传感器利用湿敏元件吸附水分子后电阻率和电阻值发生改变的方式，普通空气湿度传感器测量范围在 $0 \sim 100\% RH$。温湿度传感器提供 $4 \sim 20mA$ 或 $0 \sim 10V$ 标准输出信号，通信方式采用 RS485/Modbus 接口。

（2）含氧量检测仪：检测原理采用电化学传感器与氧气作用后，产生与被测氧气浓度成正比的电信号。普通空气含氧量检测仪的测量范围在 $0 \sim 30\%$（体积分数）。含氧量检测仪提供 $4 \sim 20mA$ 或 $0 \sim 10V$ 标准输出信号，通信方式采用 RS485/Modbus 接口。

（3）H_2S 检测仪：检测原理采用电化学传感器原理，气敏元件接触 H_2S 气体后产生与被测 H_2S 气体浓度成正比的电信号。普通空气 H_2S 检测仪的测量范围在 $0 \sim 0.1\%$。H_2S 检测仪提供 $4 \sim 20mA$ 或 $0 \sim 10V$ 标准输出信号，通信方式采用 RS485/Modbus 接口。

（4）CH_4 检测仪：仪器在正常工作状态下甲烷气体通过燃烧元件后，在其表面产生无焰燃烧，产生一定的热量，使检测元件的阻值发生变化，电桥电路失衡产生信号输出，信号大小与甲烷含量有关，从而实现检测与报警。普通空气 CH_4 检测仪的测量范围在 $0 \sim 100\%$（体积分数）。CH_4 检测仪提供 $4 \sim 20mA$ 或 $0 \sim 10V$ 标准输出信号，通信方式采用 RS485/Modbus 接口。

（5）液位变送器：将集水坑内的液位信号输出，实现液位与排水泵启停联锁控制。

5.2.2　环境与设备监控系统结构

目前一般的监控系统可采用 DDC、PLC 和 DCS 三种主要系统。

DDC（direct digital control，直接数字控制）是一种控制装置，最初应用于建筑设备自动化系统。通过模拟量输入通道（AI）和开关量输入通道（DI）采集实时数据，然后按照一定的规律进行计算，最后发出控制信号，并通过模拟量输出通道（AO）和开关量输出通道（DO）直接控制现场设备，在民用建筑的楼宇自动化中应用较为广泛。DDC 系统的硬件配置相对较低，I/O 点较少，运算和输出的实时性较差；软件编程灵活性差，二次开发能力有限，不方便实现复杂的控制；此外其存储空间有限，不易于扩展；通信组网和系统拓展性不高。

DCS（distributed control system，分布式控制系统）是一种分布式计算机控制系统。它的主要基础是 4C 技术，即计算机技术、控制技术、通信技术和显示技术。其基本思想是分散控制、集中操作、分级管理、配置灵活和组态方便。DCS通常采用若干个控制器（过程站）对一个生产过程中的众多控制点进行控制，各控制器间通过网络连接并可进行数据交换。DCS 具有强大的过程控制功能，如串级、前馈、解耦、自适应和预测控制等，在化工、冶金等流程行业的大型控制系统中应用广泛。

PLC（programmable logic controller，可编程逻辑控制器）最初是一种专用于工业控制的计算机，能够满足各种不同场合下的逻辑处理、顺序控制和过程控制等控制要求，现在在民用建筑、市政等各领域也广泛地使用。目前大中型 PLC采用模块化结构，主要由电源模块、CPU 模块、输入模块、输出模块、通信模块和特殊功能模块等组成。PLC 输入模块能够接收外部模拟量和开关量的输入，输出模块提供模拟量和数字量输出至被控设备，并提供了多种通信接口，便于编程、设备间的数据通信以及联网。

综合管廊的环境与设备监控系统的监测量较大，监测系统网络较为复杂，DDC 不能满足要求；此外综合管廊的环境与设备监控系统很少涉及回路调节和复杂的参数控制算法，一般采用以 PLC 系统为核心架构监控系统。

现在简要估算综合管廊环境与设备 PLC 控制系统点数。根据表 5.1 和表 5.2中列出的各个参数和状态监控内容，以一个防火区间为例，AI 点数约 10 点，DI点数约 30 点，DO 点数约 10 点。则平均 1km 的 AI 点数 50 点，DI 点数 150 点，DO 点数 50 点，并预留 15% 左右的裕量，大中型综合管廊 PLC 系统 I/O 点的点数在 1000 点以上。

在综合管廊环境与设备现场 PLC 监控系统配置时，采用区域控制单元 ACU作为基本控制单元，每个 ACU 内 PLC 设置情况的不同，有多种实现方式。

（1）PLC 架构。每个防火分区内设置一套 ACU 柜，负责完成该区域内环境参数与设备状态的数据采集、控制信号的输出和远程通信等任务。一台 ACU 柜通常包括 PLC、工业以太网交换机和 UPS 等。将各区间的 PLC 进行组网通信，最终形成整个监控网络。

（2）PLC+I/O 架构。在每个区域变电所内对应的区域内设置 1 套 PLC 控制器控制多个防火分区，在每个防火分区的 ACU 内设置远程 I/O 站或者 RTU 站方式，通过组网形成整个监控网络。

图 5.3 为综合管廊环境与设备监控子系统的结构示意图。

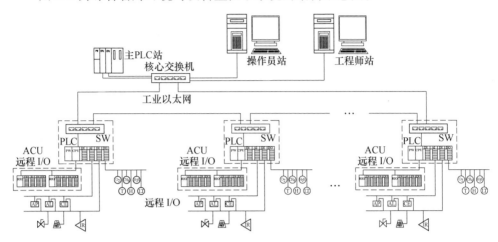

图 5.3　环境与设备监控系统结构

在图 5.3 中采用监控中心主 PLC+区域变电所 PLC+防火分区远程 I/O 的分级结构，具有结构简单，施工方便和运行可靠等特点。

PLC 控制系统主流的通信协议主要有 RS485/Modbus、Profibus、DeviceNet 和工业以太网等。近年来工业以太网在工业场合中广泛应用，其中 PROFINET 通信具有数据量大、实时性好等特点，能够很好地与光纤通信结合，适用于大型控制系统的组网。

PROFINET 于 1999 年由 PROFIBUS 国际组织推出，是新一代基于工业以太网技术的自动化总线标准，符合 IEEE802.3 的定义标准。PROFINET 采用了三种协议栈，分别是 TCP/IP（反应时间约 100ms）、RT（实时通信，反应时间小于 10ms）和 IRT（等时实时通信，反应时间小于 1ms），既满足普通以太网的需求，又满足工业系统对实时性的要求。

基于工业以太网的综合管廊监控系统，从 ACU 控制层的各 PLC 与远程 I/O，到信息层的各服务器与各子系统服务工作站，都采用工业以太网这同一个物理通信网络，实现了一网到底，确保监控网络的正常运行。

5.2.3　环境与设备监控系统设备布置

环境与设备监控系统主要设备采用工业级产品，ACU 柜安装于功能节点内，如排风口和吊装口等，采用落地安装。柜内设 PLC、交换机和 UPS 等设备。也可根据情况设置智能温湿度控制器，防止高温、低温、受潮和结露等原因引起设备的不正常故障。

温湿度传感器安装于各功能节点和管廊内部,在舱室的两端出入口位置小于10m处各设置1只,管廊中间位置按不大于100m的间距设置。温湿度传感器采用吊装或侧壁安装。

含氧量检测仪安装于各功能节点和管廊内部,在舱室的两端出入口位置小于10m处各设置1只,管廊中间位置按不大于100m的间距设置。含氧量检测仪采用吊装,安装高度距地约1.6~1.8m。

CH_4检测仪安装于管廊含污水管的舱室内部,以及人员出入口和通风口等处,CH_4检测仪采用舱室顶部吊装时,安装高度距板顶约0.3m;安装于管道阀门处等地时,安装高度高出释放源0.5~2m。

H_2S检测仪安装于管廊含污水管的舱室内部,以及人员出入口和通风口等处,由于H_2S气体比空气重,安装高度距地坪约0.3~0.6m。

5.3 安全防范系统

5.3.1 安全防范系统的组成

综合管廊的安全防范系统主要包括入侵报警子系统、视频安防监控子系统、出入口控制子系统和电子巡查子系统等几个部分。综合管廊内平时几乎无人值守,工作人员基本位于监控中心,通过安全防范系统,能够有效提高对管廊各区域的日常管理,降低值守和巡查的劳动强度。

安全防范系统的结构模式按其规模大小、复杂程度可有多种构建模式。按照系统集成度的高低,安全防范系统分为集成式、组合式、分散式三种类型。

5.3.1.1 集成式安全防范系统的安全管理系统

(1)安全管理系统设置在监控中心内,应能通过统一的管理信息平台将监控中心设备与各子系统设备联网,实现由监控中心对各子系统的自动化管理与监控。安全管理系统的故障应不影响各子系统的运行;某一子系统的故障应不影响其他子系统的运行。

(2)应能对各子系统的运行状态进行监测和控制,应能对系统运行状况和报警信息数据等进行记录和显示。应设置足够容量的数据库。

(3)应建立以有线传输为主、无线传输为辅的信息传输系统。应能对信息传输系统进行检验,并能与所有重要部位进行有线和/或无线通信联络。

(4)应设置紧急报警装置。应留有向接处警中心联网的通信接口。

(5)应留有多个数据输入、输出接口,应能连接各子系统的主机,应能连接上位管理计算机,以实现更大规模的系统集成。

5.3.1.2　组合式安全防范系统的安全管理系统

（1）安全管理系统应设置在监控中心内，应能通过统一的管理信息平台实现监控中心对各子系统的联动管理与控制。安全管理系统的故障应不影响各子系统的运行；某一子系统的故障应不影响其他子系统的运行。

（2）应能对各子系统的运行状态进行监测和控制，应能对系统运行状况和报警信息数据等进行记录和显示。可设置必要的数据库。

（3）应能对信息传输系统进行检验，并能与所有重要部位进行有线和/或无线通信联络。

（4）应设置紧急报警装置。应留有向接处警中心联网的通信接口。

（5）应留有多个数据输入、输出接口，应能连接各子系统的主机。

5.3.1.3　分散式安全防范系统的安全管理系统

（1）相关子系统独立设置，独立运行。系统主机应设置在禁区内（值班室），系统应设置联动接口，以实现与其他子系统的联动。

（2）各子系统应能单独对其运行状态进行监测和控制，并能提供可靠的监测数据和管理所需要的报警信息。

（3）各子系统应能对其运行状况和重要报警信息进行记录，并能向管理部门提供决策所需的主要信息。

（4）应设置紧急报警装置，应留有向接处警中心报警的通信接口。

下面分析安全防范系统的各主要子系统的主要功能。

入侵报警子系统：系统应能根据被防护对象的使用功能及安全防范管理的要求，对设防区域的非法入侵、盗窃、破坏和抢劫等，进行实时有效的探测与报警。

视频安防监控子系统：系统应能根据建筑物的使用功能及安全防范管理的要求，对必须进行视频安防监控的场所、部位、通道等进行实时、有效的视频探测、视频监视，图像显示、记录与回放，宜具有视频入侵报警功能。

出入口控制子系统：系统应能根据建筑物的使用功能和安全防范管理的要求，对需要控制的各类出入口，按各种不同的通行对象及其准入级别，对其进、出实施实时控制与管理，并应具有报警功能。

电子巡查子系统：系统应能根据建筑物的使用功能和安全防范管理的要求，按照预先编制的保安人员巡查程序，通过信息识读器或其他方式对保安人员巡逻的工作状态（是否准时、是否遵守顺序等）进行监督、记录，并能对意外情况及时报警。

5.3.2 安全防范系统的结构

综合管廊安全防范系统通常采用底层交换机+汇聚交换机+核心交换机的形式，将各处的安全防范设备及子系统组网。采用全以太网网络的架构，完成信息的传输，安全防范系统结构应该和整个监控与报警系统的结构保持一致。按照ACU 单元的设置情况，配置现场的底层交换机；按照区段的划分情况，设置区段内的汇聚交换机。

有些项目在实施过程中，考虑到安全防范系统中含有视频监控，其数据量比环境与设备监控系统、火灾自动报警系统等的大得多。当管廊规模超过一定范围时，共用一套通信传输网络可能无法满足高清视频监控的需求。将安全防范系统的传输网络和环境与设备监控系统等共用网络独立开来，采用独立的交换机及网络，保证信息的互不干扰，满足使用要求。

图 5.4 是安全防范系统监控系统的结构示意图，将管廊划分为若干区段，每个区段设置数个监控单元，每个区段设置安防监控汇聚安防柜。将区段内各个监控单元交换机接入汇聚安防柜的汇聚交换机，接入方式可采用点对点式或者环网的形式。各汇聚安防交换机通过点对点式或者环网接入监控中心内的安防核心交换机。图 5.5 是安防监控单元的接线示意图。

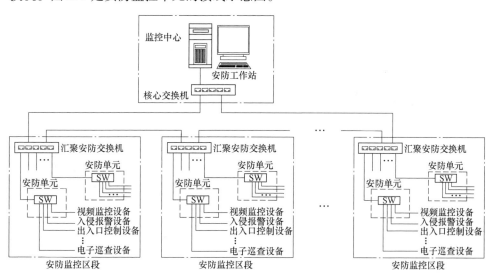

图 5.4 安全防范监控系统结构

5.3.3 入侵报警子系统

现场人员进出管廊的途径包括监控中心、吊装口、排风口和人员出入口。外来人员也可能通过上述途径非法进入。为保证综合管廊内部安全、可靠地运行，

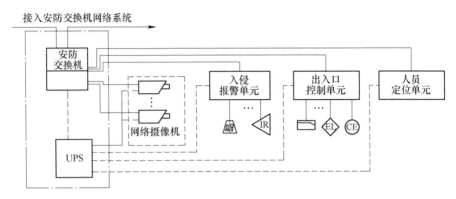

图 5.5　安防监控单元示意图

需采取针对性强的安全有效防范措施，采用入侵报警系统（intruder alarm system, IAS），当外来非法进入管廊内部时，及时向控制中心报警，并显示位置。

　　在人员出入口、投料口、排风口等可能遭到入侵的区域布设入侵探测器，通常采用被动式红外入侵探测器，并布设在管廊内各设防口。当有人员入侵时，人体在红外入侵探测器探测范围内移动，将引起设备接收到的红外辐射电平变化，并随即进入报警状态。设备将报警状态输出，连接至工业级交换机，再通过通信链路发送至监控中心的报警主机，驱动报警响应。

　　入侵报警系统通常由前端设备（包括探测器和紧急报警装置）、传输设备、处理/控制/管理设备和显示/记录设备四个部分构成。

　　入侵报警系统组建模式有分线制、总线制、无线制和公共网络式四种。图5.6 给出了分线制和总线制模式的示意图。

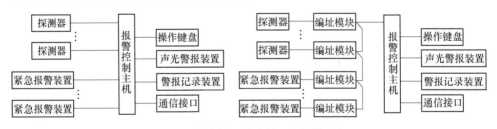

图 5.6　分线制和总线制入侵报警系统

　　入侵探测器是用来探测入侵者的移动或其他动作的电子及机械部件所组成的装置。包括主动红外入侵探测器、被动红外入侵探测器、微波入侵探测器、微波和被动红外复合入侵探测器、超声波入侵探测器、振动入侵探测器、音响入侵探测器、磁开关入侵探测器、超声和被动红外复合入侵探测器等。下面简要介绍主要的探测器工作原理。

　　微波多普勒入侵探测器：应用多普勒原理，辐射一定频率的电磁波，覆盖一定范围，并能探测到在该范围内移动的人体而产生报警信号。

超声波入侵探测器：应用多普勒原理，通过对移动人体反射的超声波产生响应，从而引起报警。

红外入侵探测器：发射机与接收机之间的红外辐射光束，当人体在探测范围内移动，遮断光束引起接收到的红外辐射电平变化而产生报警。

复合入侵探测器：将微波和被动红外两种单元组合于一体，且当两者都处于报警状态才发出报警。

报警控制主机将探测器信号接入并处理，提供多路探测器输入接口和报警输出接口。提供 RS485 和以太网等通信接口，主电电源为交流 220V，采用消防电源，备用电源为 DC12/24V 铅酸蓄电池。

5.3.4 出入口控制子系统

综合管廊内出入口控制系统（access control system，ACS）简称门禁系统，系统各个设备设置于人员出入口、变配电间、监控中心和液压逃生井等处。

出入口控制系统采用电子与信息技术为系统平台，而具有放行、拒绝、记录、报警这四个基本要素。系统主要由识读部分、传输部分、管理/控制部分和执行部分以及相应的系统软件组成。

出入口控制系统按照其硬件构成模式，分为一体式和分体式；按其管理/控制方式，分为独立型和联网型；按其现场设备连接方式，分为单出入口型和多出入口型；按其联网模式，分为总线型、环线型等。

在《出入口控制系统工程设计规范》（GB 50396）中，出入口控制系统的配置及应满足的要求有：

（1）出入口控制系统根据防护对象的风险等级和防护级别、管理要求、环境条件和工程投资等因素，确定系统规模和构成；根据系统功能要求、出入目标数量、出入权限、出入时间段等因素来确定系统的设备选型与配置。

（2）出入口控制系统的设置必须满足消防规定的紧急逃生时人员疏散的相关要求。

（3）供电电源断电时系统闭锁装置的启闭状态应满足管理要求。

（4）执行机构的有效开启时间应满足出入口流量及人员、物品的安全要求。

（5）系统前端设备的选型与设置，应满足现场建筑环境条件和防破坏、防技术开启的要求。

出入口控制系统的现场设备包括识读设备和执行设备。识读设备可采用密码键盘、接触式/非接触式磁卡识读设备、条码识读设备，以及人体生物特征（如指纹、掌型、虹膜和面部）识读设备。执行设备可采用阴极/阳极电控锁、电子锁、磁力锁和开门机等。

每个安防监控单元内的出入口控制部分接线见图 5.7。

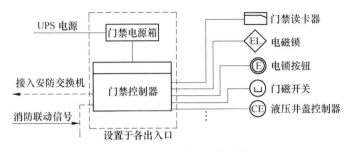

图 5.7　出入口控制系统接线

在每处人员出入口的门外设置门禁读卡器、门内设置开门按钮；门上装电控门锁及门磁开关，门禁控制器设置于门内。门禁控制器通过通信接口接入安防监控单元；门禁控制器参与消防联动，消防联动输出信号至门禁控制器后，门禁控制器开启电控门锁，以及打开液压逃生井盖，进行紧急疏散。

5.3.5　视频安防监控子系统

视频安防监控子系统（video surveillance & control system，VSCS）是综合管廊安全防范系统的主要子系统之一，对管廊内的设备运行状态和各种异常情况进行实时图像监测。整个监控系统包括布设在监控中心的视频管理服务器、视频监控计算机、嵌入式多屏控制器、嵌入式网络硬盘录像机、监视墙等设备以及在管廊内安装覆盖重要节点和设备的视频监控摄像机。监控摄像机通过网线接入就近分区的交换机，再通过通信链路连接至监控中心，可全天 24h 进行录像。

监控中心设置的网络硬盘录像机、视频监控工作站、嵌入式多屏控制器、监视墙均接入中心局域网。前端传送回的录像码流 1 路进入嵌入式网络硬盘录像机进行存储，1 路进入嵌入式多屏控制器，经解码后在监视器上实时显示监控画面进行轮询切换。

视频安防监控系统包括前端设备、传输设备、处理/控制设备和记录/显示设备四部分。

视频安防监控系统结构根据对视频图像信号处理/控制方式的不同，分为简单对应模式、时序切换模式、矩阵切换模式和数字视频网络虚拟交换/切换模式四类。图 5.8 给出了矩阵切换模式和数字视频网络虚拟交换/切换模式的结构。

在《视频安防监控系统工程设计规范》（GB 50395）中，对视频安防监控系统的配置及应满足的要求有：

（1）应对需要进行监控的部位和区域等进行有效的视频探测与监视，图像显示、记录与回放。

（2）前端设备的最大视频（音频）探测范围应满足现场监视覆盖范围的要

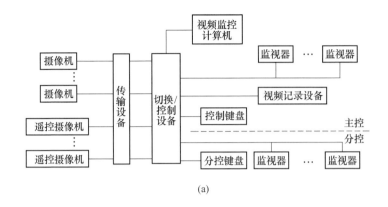

(a)

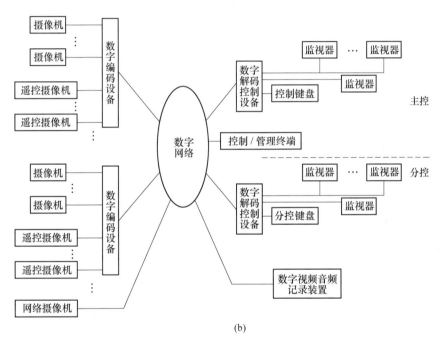

(b)

图 5.8 视频安防监控模式

（a）矩阵切换模式；（b）数字视频网络虚拟交换/切换模式

求，摄像机灵敏度应与环境照度相适应，监视和记录图像效果应满足有效识别目标的要求，安装效果宜与环境相协调。

（3）系统的信号传输应保证图像质量、数据的安全性和控制信号的准确性。

（4）系统控制功能应符合下列规定：

1）系统应能手动或自动操作，对摄像机、云台、镜头、防护罩等的各种功能进行遥控，控制效果平稳、可靠。

2）系统应能手动切换或编程自动切换，对视频输入信号在指定的监视器上进行固定或时序显示，切换图像显示重建时间应能在可接受的范围内。

3）矩阵切换和数字视频网络虚拟交换/切换模式的系统应具有系统信息存储功能，在供电中断或关机后，对所有编程信息和时间信息均应保持。

4）系统应具有与其他系统联动的接口。当其他系统向视频系统给出联动信号时，系统能按照预定工作模式，切换出相应部位的图像至指定监视器上，并能启动视频记录设备，其联动响应时间不大于 4s。

5）辅助照明联动应与相应联动摄像机的图像显示协调同步。

6）同时具有音频监控能力的系统宜具有视频音频同步切换的能力。

7）需要多级或异地控制的系统应支持分控的功能。

8）前端设备对控制终端的控制响应和图像传输的实时性应满足安全管理要求。

（5）监视图像信息和声音信息应具有原始完整性。

（6）系统应保证对现场发生的图像、声音信息的及时响应，并满足管理要求。

（7）图像记录功能应符合下列规定：

1）记录图像的回放效果应满足资料的原始完整性，视频存储容量和记录/回放带宽与检索能力应满足管理要求。

2）系统应能记录：发生事件的现场及其全过程的图像信息；预定地点发生报警时的图像信息；用户需要掌握的其他现场动态图像信息。

3）系统记录的图像信息应包含图像编号/地址、记录时的时间和日期。

4）对于重要的固定区域的报警录像宜提供报警前的图像记录。

5）根据安全管理需要，系统应能记录现场声音信息。

（8）系统监视或回放的图像应清晰、稳定，显示方式应满足安全管理要求。显示画面上应有图像编号、地址、时间、日期等。

（9）具有视频移动报警的系统，应能任意设置视频警戒区域和报警触发条件。

（10）在正常工作照明条件下系统图像质量的性能指标应符合以下规定：

1）模拟复合视频信号应符合以下规定：

视频信号输出幅度 $1V_{p-p} \pm 3dB$ VBS；

实时显示黑白电视水平清晰度 ≥ 400TVL；

实时显示彩色电视水平清晰度 ≥ 270TVL；

回放图像中心水平清晰度 ≥ 220TVL；

黑白电视灰度等级 ≥ 8；

随机信噪比 ≥ 36dB。

2）数字视频信号应符合以下规定：

单路画面像素数量≥352×288（CIF）；

单路显示基本帧率≥25fps；

数字视频的最终显示清晰度应满足本条第1款的要求。

3）监视图像质量不应低于《民用闭路监视电视系统工程技术规范》（GB 50198）中表4.3.1-1规定的四级，回放图像质量不应低于表4.3.1-1规定的三级；在显示屏上应能有效识别目标。

综合管廊内设置视频安防监控设备的场所主要有管廊内设备集中安装地点、人员出入口、排风口、吊装口、变配电间和监控中心等。不分防火区的舱室，摄像机设置间距不大于100m。综合管廊通廊的转弯处以及监控被遮挡区域，增设摄像机，确保管廊内无盲区。

综合管廊视频监控系统，采用网络摄像机类型，采用带POE（power over ethernet）供电方式的交换机供电及通信。POE是指利用以太网为IP终端（如IP电话机、无线局域网接入点AP和网络摄像机等）传输数据信号的同时，还为此类设备提供直流供电。一个完整的POE系统包括供电端设备（power sourcing equipment，PSE）和受电端设备（powered device，PD）两部分。PSE设备是为以太网客户端设备供电的设备，同时也是整个POE以太网供电过程的管理者。而PD设备是接受供电的PSE负载，即POE系统的客户端设备，两者的通信及供电基于IEEE 802.3af标准。

POE标准供电系统的主要供电特性参数为：

（1）电压在44~57V之间，典型值为48V。

（2）允许最大电流为550mA，最大启动电流为500mA。

（3）典型工作电流为10~350mA，超载检测电流为350~500mA。

（4）在空载条件下，最大需要的电流为5mA。

（5）为PD设备提供3.84~12.95W三个等级的电功率请求，最大不超过13W。

当在一个以太网网络中布置PSE供电端设备时，POE以太网供电工作过程如下：

（1）检测。一开始，PSE设备在端口输出很小的电压，直到其检测到线缆终端的连接为一个支持IEEE 802.3af标准的受电端设备。

（2）PD端设备分类。当检测到受电端设备PD之后，PSE设备可能会为PD设备进行分类，并且评估此PD设备所需的功率损耗。

（3）开始供电。在一个可配置时间（一般小于15μs）的启动期内，PSE设备开始从低电压向PD设备供电，直至提供48V的直流电源。

（4）供电。为PD设备提供稳定可靠48V的直流电，满足PD设备不越过

15.4W 的功率消耗。

（5）断电。若 PD 设备从网络上断开时，PSE 就会快速地（一般在 300 ~ 400ms 之内）停止为 PD 设备供电，并重复检测过程以检测线缆的终端是否连接 PD 设备。

5.3.6　电子巡查子系统

为实现对综合管廊管理的规范化、科学化和能够及时消除隐患等功能，宜设置电子巡更系统（electronic patrol system，EPS，也称为电子巡更系统），提高管廊巡检工作的规范化及科学化水平，以有效保障被巡检设施处于良好状态。

电子巡查系统是对保安巡查人员的巡查线路、方式及过程进行管理和控制的电子系统。主要分为离线式电子巡查系统（无线巡查系统）和在线式电子巡查系统两类。综合管廊中宜采用离线式电子巡查系统。

离线式巡查管理系统由信息标识、数据采集、信息转换传输及管理终端等部分组成，图 5.9 为离线式电子巡查系统的原理图。

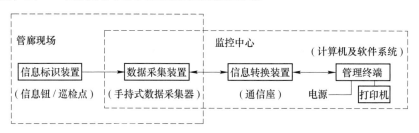

图 5.9　离线式电子巡查系统原理图

（1）信息标识也称为信息钮、巡检点，是安装在现场的表征设备地址信息的载体。

（2）数据采集装置也称为手持数据采集器，用于现场采集、存储或处理巡查信息。

（3）信息转换装置也称为通信座，用于采集装置与管理终端之间进行信号转换及通信。

（4）管理终端是计算机及软件系统，用于对巡查信息进行搜索、存储、处理或显示的设备。

管廊运管工作人员将具有不同编码的信息钮安放于被巡检的设备或线路上，并将信息钮编码及对应安放地点存于计算机中，综合管廊内的信息钮主要设置在人员出入口、管廊内防火门、管线分支口、阀门安装处和电力电缆接头等。在巡检人员用手持数据采集器与该处信息钮进行接触时，该信息钮编号被读入手持数据采集器中，并与手持数据采集器内置的时钟记录时间一起构成有效的巡检数据。这些识读器内的巡检数据将由巡检人员通过计算机内的软件定期读入计算机中。

通过电子巡查系统能够合理的安排部署巡查任务、巡查路线和巡查密度；在执行巡查任务过程中，每个巡查人员巡查的时间和路程都形成记录数据，能有效地监督巡查工作，确保巡查任务高效率高质量地完成。

5.4　通信系统

5.4.1　通信系统的组成

综合管廊内平时无人固定值守，为便于管理、巡检、维护和施工，以及异常报警时的通信联络，管廊内必须配备独立的管廊内各区间工作人员之间、现场工作人员与控制中心值班人员之间的内部语音通信系统。综合管廊的语音通信系统包括固定式通信系统和无线信号覆盖系统。

固定语音通信：采用 IP 网络电话系统。每个区间的功能节点，如排风口等现场 ACU 箱内设 IP 电话终端配线单元。控制中心配置 1 台网络综合通信器，利用通信网络实现控制中心与现场 IP 电话通信。通话数据主要通过 IP 网络在监控中心和综合管廊之间传输，监控中心能通过 IP 寻址精准定位通话点。

系统通过在每个防火分区、舱室、人员出入口处布设若干 IP 电话终端，通过通信网口与各分区交换机连接，经通信链路与监控中心 IP 网络寻呼话筒连接通话。

无线对讲：控制中心人员应能通过无线对讲系统与综合管廊内部持数字无线对讲机的工作人员进行实时通话，同时持数字无线对讲机的工作人员之间也可以互相对话。

无线对讲系统由设置在监控中心的近端设备和设置在管廊内部的远端接入设备组成。近端设备通过光缆与远端设备连接，系统可实现监控中心与无线对讲机的通信，分机之间也可互通。

将监控中心的近端设备产生的无线信号发送至管廊内的远端设备，并在远端设备接入上、下行两个方向的泄漏电缆，既可作为无线信号电波的传输线，也可作为无线信号的天线，从而形成整个管廊区域的无线覆盖网；同时，近端设备还可以通过以太网口连接至核心交换机，接入信息化监控管理平台，实现对整个综合管廊无线对讲系统的维护管理和操作。

5.4.2　固定通信系统

图 5.10 为某综合管廊固定语音通信系统。语音通信系统由管理系统、交换分配系统和终端系统构成的 PON 无源光纤网络系统。

管理系统包括语音网关和管理服务器，位于监控中心内。

交换分配系统包括两套互为备用的核心交换机、光线路终端和分光器组成，

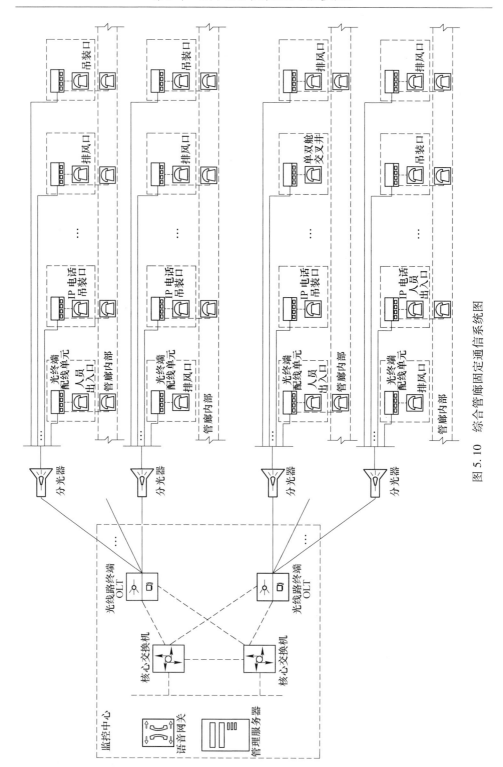

图 5.10　综合管廊固定通信系统图

交换机和光线路终端位于监控中心内，其余设备位于管廊中。分光器通过光纤连接到各通信终端，汇集各终端语音信息至核心交换机，最终至语音通信管理系统。分光器的光信号需通过光线路终端设备解码后，接入核心交换机。

终端系统包括光终端配线单元和 IP 电话，管廊现场的人员出入口、吊装口和排风口等功能节点内设置光终端配线单元。光终端配线单元与分光器通过光纤通信，光终端配线单元最多可接入 2~8 部 IP 电话，IP 电话通过网线接入光终端配线单元，网线长度超过 100m 时，应采用光纤通信。

光线路终端（optical line terminal，OLT）是光接入网的核心部件，相当于传统通信网络中的交换机，与核心交换机采用网线相连，将电信号转换为光信号，向光网络单元发送以太网数据，并监测管理设备端口。

分光器又称为光分路器，将一根光纤信号分解为多路光信号输出的光无源器件，实现将光信号进行耦合、分支和分配，分光规格有 1∶2、1∶4、1∶8、1∶16 和 1∶32 等。

光终端配线单元也称光网络单元（optical network unit，ONU），作为 PON 系统的用户侧，接收 OLT 发送的广播数据；响应 OLT 发送的测距及功率控制命令。ONU 提供多个以太网接口。

5.4.3 无线信号覆盖系统

图 5.11 为某综合管廊无线信号覆盖系统。该系统包括网管及调度系统、基站、泄漏电缆和手持终端设备构成。

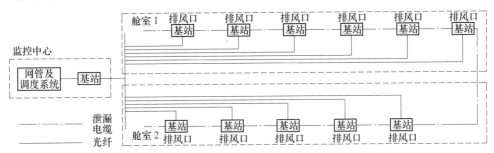

图 5.11 综合管廊无线信号覆盖系统图

在监控中心内设置无线对讲网管及调度系统和 1 套总基站。管廊内按空间布局情况，现场设置多套基站。每个基站输出 2 条泄漏电缆，为保证信号的稳定性，基站输出的每条泄漏电缆一般不超过 1km。泄漏电缆应覆盖整个管廊区域及各节点功能性区域。

泄漏电缆适用于地铁、矿井、隧道和综合管廊等无线电波被受到阻碍的场所。

　　泄漏电缆是一种专门用于泄漏通信的高频电缆，电缆外导体不是全屏蔽的，开有泄漏槽或稀疏编织，因此在泄漏电缆内部传输的一部分信号就通过泄漏槽或稀疏编织的孔泄漏到电缆附近外部空间，提供给移动的接收机，达到将无线电信号送入封闭空间的目的；同样，外部移动信号也可以通过泄漏槽或稀松编织的孔穿过电缆外层导体进入泄漏电缆内部，加上必要的设备，可以与基台组成泄漏通信系统，以满足沿泄漏电缆在一定范围内的移动通信。

　　泄漏同轴电缆通信就是以同轴电缆作无线电台的天线，用它进行通信，可在一定范围内产生均匀的信号场强，而不受周围环境的影响，通信可靠性高，也不存在通信盲区，接收电平稳定，不容易受到外来信号干扰。泄漏同轴电缆系统可以提供多信道服务，例如，使用 400MHz 频段，频率间隔 25kHz 时，可以提供 24 个通信信道，可以用来传输话音（调度电话和公用电话），也可进行数据传输。

　　应用泄漏电缆构成的无线信号覆盖系统，不仅针对无线通话，其他系统如人员定位系统、无线数据业务等均可通过该系统实现通信。

　　通信系统现场各类设备设置安装的主要要求有：节点功能性区域内 IP 电话采用壁挂安装，管廊内 IP 电话安装间距不大于 100m，其安装高度距地 1.4m，采用防潮防尘型产品。光终端配线单元设置于吊装口、通风口、人员出入口和单双舱分支口等节点，采用壁挂式，安装高度距地 1.8m。管廊内各无线基站安装于排风口等节点的管廊层，采用壁挂式，安装高度距地 1.8m，泄漏电缆沿舱室顶部敷设。

第6章 城市综合管廊火灾自动报警系统

6.1 城市综合管廊的火灾自动报警系统构成

6.1.1 火灾自动报警系统的工作原理

火灾自动报警系统是用于探测火灾早期特征、发出火灾报警信号，为人员疏散、防止火灾蔓延和启动自动灭火设备提供控制与指示的消防系统。

与火灾相关的消防过程包括：火灾发生→探测报警→人员疏散→自动灭火→消防救援。尽早发现火灾、及时报警、启动有关消防设施引导人员疏散，疏散完后如果火灾发展到需要启动自动灭火设施的程度，启动相应的自动灭火设施，扑灭初期火灾，防止火灾蔓延。

探测确定火灾发生部位，是整个消防过程的起点。在火灾发生前，探测可能引起火灾的征兆特征，彻底防止火灾发生或在火势很小尚未成灾时就及时报警。电气火灾监控系统和可燃气体探测报警系统均属火灾预警系统。火灾报警与自动灭火之间还有一个人员疏散阶段，这一阶段根据火灾发生的场所、火灾起因、燃烧物等因素不同，有几分钟到几十分钟不等的时间，这是直接关系到人身安全最重要的阶段。因此，在任何需要保护人身安全的场所，设置火灾自动报警系统具有不可替代的重要意义。

当火灾发生时，安装在保护区域现场的火灾探测器将火灾产生的烟雾、热量和光辐射等火灾特征参数转变成电信号，通过信号总线将信号传输至火灾报警控制器。火灾报警控制器接收到探测器的火灾报警信号后，经过报警确认判断；记录并显示火灾报警信息。处于现场的人员发现火灾后，通过现场手动报警按钮，将报警信息传输到火灾报警控制器，火灾报警控制器在接收到手动报警按钮的报警信息后，经报警确认判断，显示发出火灾报警按钮的部位并记录。当火灾报警控制器确认火灾探测器和手动报警按钮两者的报警信息后，驱动安装在被保护区域的火灾警报装置，警示处于被保护区域内的人员火灾发生。

火灾发生时，火灾报警控制器将火灾探测器和手动火灾报警按钮的报警信息传输至消防联动控制器。消防联动控制器按照设定的逻辑关系对接收到的报警信息进行判断，若满足逻辑条件，消防联动控制器按设定的控制过程启动相应消防设施。消防控制室内的消防管理人员也可通过操作消防联动控制器的手动控制盘，直接启动相应的消防设施。消防设施动作的状态信号反馈至消防联动控制器上显示。

消防联动控制系统主要参与联动的消防设施有：自动灭火系统、防烟排烟系统、防火门及防火卷帘系统、电梯系统、消防应急广播系统和消防应急照明和疏散指示系统等。

6.1.2 火灾自动报警系统的形式

火灾自动报警系统根据规模和实现功能的不同，其形式有三种，分别是区域报警系统、集中报警系统和控制中心报警系统。

区域报警系统由火灾探测器、手动火灾报警按钮、火灾声光警报器及火灾控制器等组成。区域报警系统不具有消防联动功能。

集中报警系统由火灾探测器、手动火灾报警按钮、火灾声光警报器、消防应急广播、消防专用电话、消防控制室图形显示器、火灾报警控制器及消防联动控制器等组成。集中报警系统适合于具有联动控制要求的保护对象。

控制中心报警系统由两个及以上的集中报警系统组成，或者设置了两个及以上的消防控制室，系统构成符合集中报警系统的规定。控制中心报警系统一般适用于建筑群或体量很大的保护对象，这些保护对象中可能设置几个消防控制室，也可能由于分期建设而采用了不同企业的产品或同一企业不同系列的产品，或由于系统容量限制而设置了多个起集中作用的火灾报警控制器等情况，这些情况下均应选择控制中心报警系统。

6.1.3 综合管廊舱室火灾危险性分类

综合管廊内的空间相对封闭且紧凑狭小，内部集中敷设有大量的工艺管线，尤其是燃气管线和电力电缆，电气火灾是综合管廊内主要危险源之一。火灾报警系统作为其附属设施的重要组成部分，为综合管廊发挥其功能提供必要的安全保障。

根据《城市综合管廊工程技术规范》（GB 50838—2015）的第7.1条规定，综合管廊各舱室的火灾危险性等级划分如表6.1所示。

表6.1　综合管廊舱室火灾危险性分类

舱室内容纳管线种类	舱室火灾危险性类别
天然气管道	甲
阻燃电力电缆	丙
通信电缆	丙
热力管道	丙
污水管道	丁

舱室内容纳管线种类		舱室火灾危险性类别
雨水管道、给水管道、 再生水管道	塑料管等难燃管材	丁
	钢管、球墨铸铁管等不燃管道	戊

当舱室含有两类及以上的管线时，舱室的火灾危险性类别按火灾危险性较大的管线确定。

6.1.4　综合管廊火灾自动报警系统的功能分析

在《城市综合管廊工程技术规范》（GB 50838—2015）中，有关火灾自动报警系统及联动控制方面的规定如下：

（1）干线综合管廊中容纳电力电缆的舱室，支线综合管廊中容纳 6 根及以上的电力电缆舱室应设自动灭火系统；其他容纳电力电缆的舱室宜设置自动灭火系统。

（2）舱室内天然气浓度大于其爆炸下限浓度值（体积分数）20%时，应启动事故段分区及其相邻分区的事故通风设备。

（3）综合管廊舱室内发生火灾时，发生火灾的防火分区及相邻分区的通风设备应能够自动关闭。

（4）综合管廊内应设置事故后机械排烟设施。

（5）干线、支线综合管廊含电力电缆的舱室应设置火灾自动报警系统，并应符合下列规定：

1）应在电力电缆表层设置线型感温火灾探测器，并应在舱室顶部设置光纤感温探测器或感烟探测器。

2）应设置防火门监控系统。

3）设置火灾探测器的场所应设置手动火灾报警按钮和火灾报警器，手动火灾报警按钮宜设置电话插孔。

4）确认火灾后，防火门监控器应能联动关闭常开防火门，消防联动控制器应能联动关闭着火分区及相邻分区通风设备、启动自动灭火系统。

（6）天然气管道舱应设置可燃气体探测报警系统，并应符合下列规定：

1）天然气浓度设置设定值（上限值）不应大于其爆炸下限值（体积分数）的 20%。

2）天然气探测器应接入可燃气体报警控制器。

3）当天然气管道舱天然气浓度超过设定值（上限值）时，应由可燃气体报警控制器或消防联动控制器启动天然气舱事故段分区及其相邻分区的事故通风设备。

4）紧急切断浓度设置设定值（上限值）不应大于其爆炸下限值（体积分数）的 25%。

（7）应对综合管廊的电力电缆设置电气火灾监控系统。在电缆接头处应设置自动灭火装置。

通过以上分析，综合管廊的火灾自动报警系统设计主要内容如下：

（1）火灾自动报警及联动控制系统；

（2）防火门监控系统；

（3）电气火灾监控系统；

（4）可燃气体探测报警系统。

其中火灾自动报警及联动控制系统含自动灭火系统。

对于规模较小的综合管廊，可采用集中报警系统的火灾自动报警系统。

对于规模较大的综合管廊，由于其跨度相对较大，根据《城市综合管廊工程技术规范》（GB 50838—2015）规定的防火分隔要求及工艺专业配置，每个防火分区按不超过 200m 划分，整个综合管廊划分为多个防火分区。相邻防火分区采用防火门和防火墙分隔。对于火灾自动报警形式选择，根据《火灾自动报警系统设计规范》（GB 50116—2013）第 3.2 条规定，若采用区域报警系统，则无法满足联动控制要求；若采用集中控制系统，在只有 1 台控制器情况下，各报警、联动等回路距离太长，现有产品实施有一定的难度，此外施工及维护存在复杂程度大等问题。因此中型以上的综合管廊采用控制中心报警系统。

6.1.5　综合管廊火灾自动报警系统的架构

采用控制中心报警系统的综合管廊的系统整体架构，通常只在管廊监控中心设置 1 座消防控制室，集中显示保护对象内所有的火灾报警部位信号和联动控制状态信号，并应能控制管廊内各个重要的消防设备。在管廊现场区域设置多个集中报警系统，各个集中报警系统内的消防设备之间可以互相传输、显示状态信息，但不互相控制。

为了与综合管廊的供配电系统划分及防火分区划分相对应，火灾自动报警系统也将按上述划分进行设置。

下面对一个区段的范围进行分析。《城镇综合管廊监控与报警系统工程技术标准》（GB/T 51274—2017）中规定每台火灾报警控制器保护半径不宜大于 1km。目前主流的火灾自动报警系统产品的各类总线最远传输距离见表 6.2。参照此距离，结合综合管廊的防火分区划分及现场基本单元的设置情况，当火灾报警控制子站位于区段中部时，每个区段的距离宜控制在 2km。即每个区段的火灾报警控制子站对应的现场基本单元约 8 个。

表 6.2　各类总线的最远传输距离

序号	名　称	线缆规格	最远传输距离/m
1	信号总线	NHRVS-2×1.0	1500
2	24V 电源线	NHBV-2×2.5（4.0）	与电缆截面、负载大小有关
3	联动控制线	NHBV-2×2.5	1000
4	RS485/CAN 总线	RVSP-2×1.0	1500
5	消防广播线	NHBV-2×2.5	1500
6	消防电话线	NHRVVP-2×1.0	1500

　　每个区段内配置火灾自动报警控制子站，监控中心内也设置 1 套对应于该区段的火灾自动报警控制站，并作为整个火灾报警系统的控制总站。各子站内设 1 套集中报警系统，以及电气火灾监控子系统、防火门监控子系统和可燃气体报警子系统等。

　　火灾自动报警控制子站与主站之间采用光纤通信。每个控制站站内的电气火灾监控分机、防火门监控分机和可燃气体探测监控分机，通过 CAN 总线与火灾报警控制器连接。此外区段内各防火分区的气体灭火装置也通过 CAN 总线接入本区段控制站火灾报警控制器连接。最终达到每个控制站形成一个相对独立的单元系统，并能与其余控制站通信。此外，监控中心内的火灾自动报警系统预留接口，接入综合管廊的统一管理信息平台。图 6.1 为综合管廊的火灾自动报警系统架构示意图。

　　综合管廊火灾自动报警系统由火灾探测器、手动火灾报警按钮、火灾声光警报器、消防控制室图形显示装置、火灾报警控制器、联动控制器和自动灭火装置等组成。

　　综合管廊设置火灾自动报警系统的部位主要是电力舱，以及各节点功能性区域（即除节点底层的管廊区外的部分），水信舱等内无电力电缆，可不设置火灾自动报警系统。

6.2　火灾探测报警及联动系统

6.2.1　综合管廊火灾探测报警及自动灭火系统的接线

　　综合管廊火灾探测及自动灭火系统的接线方式，可以通过不同方案实现，下面分别进行介绍。

　　（1）自动灭火系统相对独立方案：综合管廊按照防火分区进行单元设计，每个单元内的电力舱划为 1 个气体灭火防护区，气体灭火防护区内的各消防设备接入气体灭火控制装置，构成 1 套功能相对独立的自动灭火子系统，其余部分通过接线端子箱接入火灾报警控制器，单元接线图详见图 6.2。

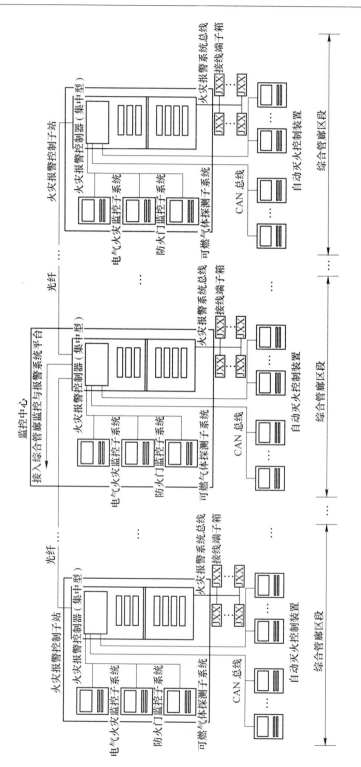

图 6.1　综合管廊火灾自动报警系统架构

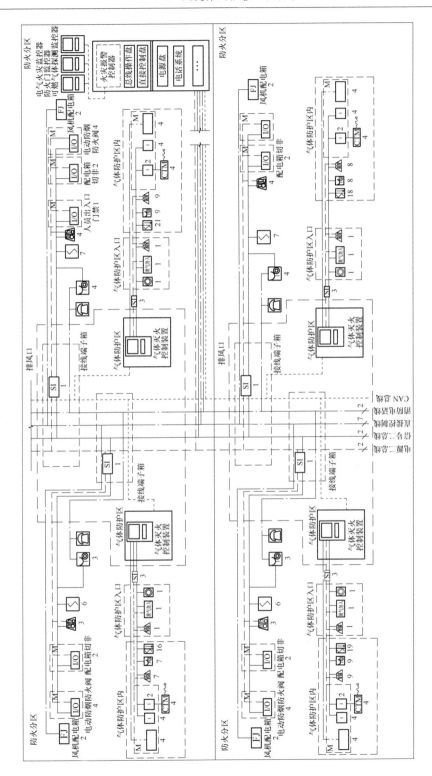

图 6.2 火灾探测报警系统接线示意图（一）

在图 6.2 所示的接线图中，各接线端子箱、气体灭火控制装置，以及火灾自动报警控制器、电气火灾监控分机、防火门监控分机和可燃气体探测分机等均位于排风口等功能节点的电气设备间内。功能节点内的输入输出模块箱、隔离模块、感烟探测器、手动报警按钮、消防电话和声光警报器等，分别通过电源总线、信号总线、消防电话线接入接线端子箱进入火灾自动报警控制器。火灾自动报警控制器通过直接控制总线完成对消防风机的手动控制。

电力电缆舱室的缆式感温探测器、烟温复合点式探测器、手动报警按钮、声光警报器、输入输出模块、隔离模块、放气指示灯、气体终端模块和紧急启停按钮等，接入气体灭火控制装置。

（2）火灾报警集中控制方案：每个防火分区内设置 1 个接线端子箱，将所有消防设备接入节点端子箱内各个总线回路上。由于气体防护区内的火灾探测器信号接入火灾自动报警控制器，自动灭火系统的触发起动信号，由火灾自动报警控制器发出。单元接线图详见图 6.3。

6.2.2　火灾自动报警系统的设备

6.2.2.1　火灾探测器

火灾在本质上是一种物质燃烧过程，在燃烧过程中将产生燃烧气体、烟雾、热和光等。物质燃烧过程通常分为早期阶段、阴燃阶段、火焰放热阶段和衰减阶段等。

早期阶段主要产生燃烧气体和气溶胶粒子，没有可见的烟雾和火焰，释放热量也较少，此阶段的特征对象是燃烧气体和气溶胶粒子。在阴燃阶段热解作用发展，产生大量的烟雾，释放热量较少，此阶段探测对象主要是烟雾粒子。火焰放热阶段是燃烧快速反应阶段，产生大量热量，环境温度上升。衰减阶段是物质全面着火燃烧后逐渐减弱至熄灭阶段。

火灾探测报警可通过探测燃烧气体、气溶胶、烟雾粒子浓度，以及温度和光（火焰）等物理参数来实现。

A　感烟探测器

感烟探测器是通过探测物质燃烧时产生的气溶胶或烟雾粒子浓度，实现判断和报警输出。根据工作原理的不同主要分为离子感烟探测器、光电感烟探测器和空气采样感烟探测器三类。

离子感烟探测器在探测器内部设有电离室，正常情况下电离室内形成一定的离子电流。火灾发生时产生烟雾，对电离室的空气离子产生作用，使离子电流减小。离子电流的变化量跟烟雾浓度的大小有关，通过判断离子电流的变化量，从而实现对烟雾浓度的探测。

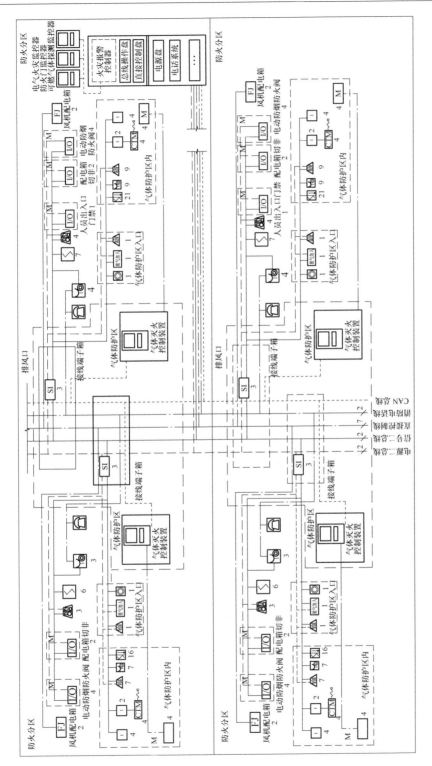

图 6.3 火灾探测报警系统接线示意图（二）

光电感烟探测器利用烟雾粒子对光线产生的遮挡和散射作用来检测烟雾。光电感烟式探测器主要有点型感烟探测器和线型感烟探测器。

点型感烟探测器内设有一个烟室，烟室内有发光元件和光敏元件，正常情况下烟室外围电路中产生一个固定的光敏电流。当烟雾粒子进入烟室后，减弱了内部光通量，光敏电流减小，通过检测判断光敏电流的变化量，实现对保护区域的火灾情况探测。

线型感烟探测器分成发光元件和光敏元件两个部分，彼此相隔一段距离。正常情况下光束（激光光束、红外线光束）由发光元件照射到光敏元件，产生固定的光敏电流。当光束路径上有烟雾粒子的遮挡作用时，光敏元件电流下降，从而发出报警信号。

空气采样感烟探测器通过采样管主动吸入空间空气样本进行分析，获取烟雾浓度，根据预先设定的阈值给出相应的报警信号。

B　感温探测器

感温探测器利用探测温度的变化而产生的电流电压变化实现报警输出。按其感温效果分为定温式、差温式和定差温式三种。

定温式感温探测器是温度上升到设定值产生报警输出；差温式感温探测器是环境温度的温升超过一定值时产生报警输出；定差温式感温探测器则兼有定温和定差两种功能。

此外还有针对特定场合的线型感温火灾探测器和光纤感温探测器等，在实际中使用也较为广泛。

线型感温火灾探测器一般由微机处理器、终端盒和感温电缆组成，感温电缆由几根用热敏材料绝缘的导线绞合组成，其受热后热敏材料电阻率降低，从而发出温度报警。根据使用方式可分为可恢复式和不可恢复式。

线型光纤感温火灾探测器由光纤主机、探测光缆组成。光纤主机将激光光束发射到探测光缆中，并实时采集沿着光纤散射回来的、带有现场实时温度信息的拉曼散射光，光纤主机对这些光信号进行分析和处理，从而得出整条光纤上的温度分布信息。将该温度信息与预设的报警参数值进行比较，当满足报警条件时，光纤主机发出火灾报警声光指示，并可向火灾报警控制器输出报警信息。

C　感光探测器

感光探测器也称为火焰探测器，通过探测物质燃烧产生的火焰辐射出的紫外线和红外线的波长，给出报警输出。其包括红外感光火灾探测器、紫外感光火灾探测器和图像火焰探测器等类型。

D　复合式探测器

复合式火灾探测器是同时对两种及以上的火灾物理参数进行探测，主要有感烟感温式、感烟感光式和感温感光式等。

6.2.2.2 火灾报警控制器

火灾报警控制器用于接收、转换、显示、处理和传递火灾报警信号，并发出声光报警信号，存储报警信息，执行相应控制任务，监视系统运行状态和给系统提供工作电源等。火灾报警控制器是火灾报警系统的核心部分。

火灾报警控制器根据火灾报警系统的规模点数不同，有壁挂式、琴台式和柜式三种。目前主流的产品采用模块化设计，配置监控显示器、状态指示和操作键盘、总线操作面板和多线控制盘面板。提供 RS485 和 CAN 等通信接口，具备联网功能。主电电源为交流 220V，采用消防电源，备用电源为 DC 24V 铅酸蓄电池。

6.2.2.3 手动火灾报警按钮

手动火灾报警按钮是一种手动触发装置，用于当现场人员发现火灾时，通过手动按下报警按钮，报告火灾信号。

6.2.2.4 火灾声光警报器

火灾声光警报器是在火灾自动报警系统中用以发出区别于环境声、光火灾警报信号的装置。它以声、光和音响等方式向警报区域发出火灾报警信号，以警示人们迅速采取安全疏散、灭火救灾措施。

6.2.2.5 消防应急广播系统

消防应急广播系统是火灾逃生疏散和灭火指挥的重要设备，在火灾发生时，应急广播信号通过声源设备发出，经过功率放大后，由编码输出控制模块切换到广播指定区域的音响实现应急广播。

消防应急广播系统由广播控制盘、广播功率放大器、消防音响、麦克风和消防联动电源等组成。

6.2.2.6 消防电话系统

消防电话系统是用于消防控制室与建筑物各部位之间的通话的电话系统，由消防电话总机、消防电话分机、消防电话插孔构成。消防电话是与普通电话分开的专用独立系统，一般采用集中式对讲电话。

6.2.2.7 消防联动模块

消防联动模块是用于消防联动控制器和其所连接的受控设备或部件之间信号传输的设备，包括输入模块、输出模块和输入输出模块。输入模块是接收现场装置报警信号，实现信号向消防联动控制器的传输。输出模块是接收消防联动控制器的输出信号并发送至受控设备。输入输出模块则同时具备输入和输出模块的功能。

6.2.3　综合管廊火灾探测报警系统的设备布置

结合综合管廊环境特征，在电力电缆舱室顶部内的火灾探测器，可选择点式感烟探测器、复合型感烟感温探测器，以及线型光纤感温火灾探测器；电缆桥架内选择敷设线型（缆式）感温探测器。此外在各功能节点内也需设置点式感烟探测器。

点式感烟探测器的布置数量根据其保护范围计算确定，空间高度 h 小于 6m，舱顶坡度小于 15°，则单只感烟探测器保护面积 $A=80m^2$，保护半径 $R=6.7m$。按此结果，综合管廊内的点式感烟探测器安装距离一般不大于 10m，距端墙距离不大于 5m。

缆式线型感温火灾探测器按电缆层数，每层沿电缆表面呈 S 型布置，缆式线型感温探测器的探测电缆长度＝电缆桥架层数×电缆桥架长度×倍率系数。倍率系数见表 6.3。

表 6.3　倍率系数表

桥架宽度/mm	节距/m				桥架宽度/mm	节距/m			
	0.9	1.2	1.5	1.8		0.9	1.2	1.5	1.8
200	1.12	1.07	1.05	1.03	600	1.73	1.47	1.33	1.24
300	1.24	1.14	1.1	1.07	800	2.11	1.73	1.52	1.39
400	1.39	1.24	1.16	1.12	1000	2.51	2.01	1.73	1.55
500	1.55	1.35	1.24	1.17	1200	2.92	2.31	1.96	1.73

下面通过例子分析一个防火分区内缆式感温探测器的套数。

若某一个 200m 的防火分区内，双侧的电缆桥架层数均为 5 层，电缆桥架宽度 0.6m，节距 1.2m。则通过查表，得到倍率系数值为 1.47，则单侧电缆桥架需要的缆式感温探测器电缆长度为 5×200×1.47＝1470m。单套缆式线型感温探测器的探测电缆最长约 1000m，则采用双侧电缆桥架布置的电缆舱室，一个防火分区内设置 4 套缆式线型感温探测器，即可满足探测要求。缆式感温探测器的通过其探测模块将信号接入火灾自动报警系统。

手动报警按钮：在舱室的两端出入口位置小于 2m 处各设置 1 只，管廊中间位置按不大于 30m 的间距设置。

声光警报器：在舱室的两端出入口位置小于 2m 处各设置 1 只，管廊中间位置按不大于 30m 的间距设置。

接线端子箱、模块箱等装设于每一个防火分区内的功能节点内。图 6.4 和图 6.5 是管廊内的火灾自动探测报警系统设备安装设置的示意图。

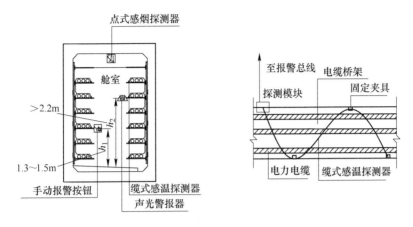

图 6.4　管廊内火灾探测报警系统设备安装示意图

6.2.4　舱室自动灭火系统

自动灭火系统有细水雾灭火系统、超细干粉灭火系统、气体灭火系统（二氧化碳、七氟丙烷和 IG541 等），各种灭火系统各有其特点和优势。细水雾和水喷雾灭火系统需要设置消防水管网及水泵；气体灭火系统需设置气体输送管路和气瓶，管线较多。下面介绍管廊内应用较广的超细干粉灭火系统。

超细干粉灭火系统是以超细干粉为灭火介质的灭火系统，用于扑灭 A（固体物质表面火灾）、B（液体或可熔化的固体物质火灾）、C（气体火灾）、E（物体带电燃烧的火灾）类火灾。超细干粉灭火系统主要包括超细干粉管网灭火系统和超细干粉无管网灭火系统。无管网灭火系统由贮压悬挂式或非贮压悬挂式超细干粉灭火装置及控制组件组成。

超细干粉灭火系统具有自动启动、手动启动和系统联动启动三种方式。

（1）自动启动：灭火装置启动连接线和配置的感温探测启动器连接，当防护区发生火灾时，环境温度达到感温探测启动器的动作温度（≥70℃）时动作，灭火器装置接收到启动信号，固体转换剂被激活，壳内气体迅速膨胀，内部压力增大，将喷嘴薄膜冲破，超细干粉向区域喷射并迅速向四周弥漫，形成全淹没灭火状态，火焰在超细干粉连续的物理、化学作用下被扑灭。

（2）手动启动：防护区发生火灾时，按下每个防护区专用的手动紧急启动按钮后，延时启动模块进入延时阶段（0~30s 可调），此阶段用于警示或疏散人员，同时声光警报器动作；延时结束后，灭火装置启动；在此延时过程中亦可按下紧急停止按钮取消启动执行；如遇紧急情况也可不待延时结束，按下强制启动按钮提前启动。

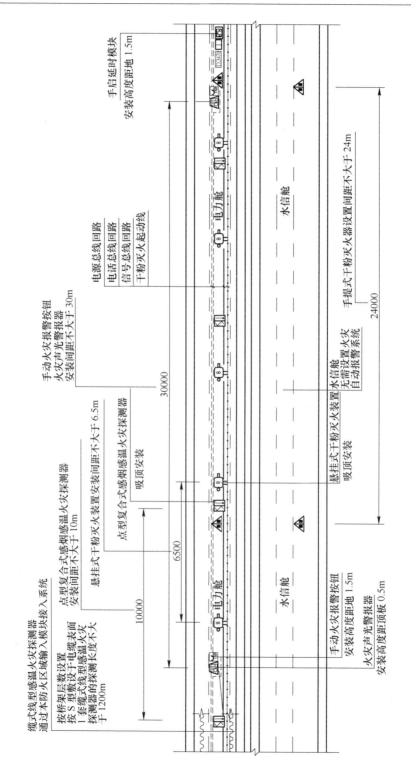

图 6.5　管廊段火灾探测报警系统设备布置大样图

（3）系统联动启动：当与灭火装置相连接的火灾报警控制器接收到两个独立的火灾探测报警器（报警系统的感烟探测器或感温探测器）的报警信号后，延时至设定时间后启动灭火装置，释放超细干粉灭火剂进行灭火。信号反馈模块反馈灭火剂喷放信号，本防护区放气指示灯亮，并启动相应的联动设备，关闭相应的电动阀门、防火门和通风设备。在此延时过程中亦可按下紧急停止按钮取消启动执行；如遇紧急情况也可不待延时结束，按下强制启动按钮提前启动。

表6.4是超细干粉灭火装置的主要参数。

表6.4　超细干粉灭火装置的主要参数

参　数　名　称	参　数　值
启动电流	≥1000mA
使用环境温度	−50～+90℃
防爆等级	Exib Ⅱ B T3
外壳防护等级	IP 67
装置启动有效期	10 年
灭火器颗粒粒径	粒径90%以上≤20μm

超细干粉灭火系统主要包含火灾探测器、气体灭火控制装置、气体灭火终端模块以及干粉灭火装置和延时启动器等部分。

当探测器探测到火情，触发信号通过总线传输到气体灭火控制装置，气体灭火控制装置输出信号到气体灭火终端模块，终端模块驱动延时启动器，最终由延时启动器起动干粉灭火装置，延时启动器动作信号通过输入模块反馈至气体灭火控制装置。各气体防护区入口设置放气指示灯、声光警报器和紧急停止按钮。自动灭火系统接线图详见图6.6。

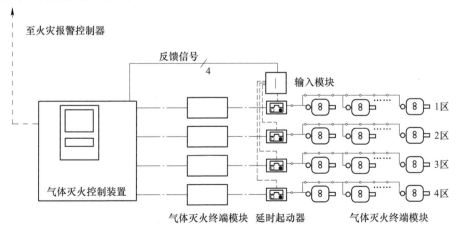

图6.6　单元自动灭火系统接线示意图

每个气体灭火控制器可分别控制 4 个独立回路，各回路所接干粉灭火装置数量不超过 8 台。根据干粉灭火装置的有效保护范围计算，每间隔 6.5m 设置 1 台，则每个气体灭火控制装置能够控制的范围超过 200m，能够满足 1 个防火分区内相应的自动灭火任务，每个防火分区根据空间布局，设置 4 组灭火装置回路，出现火情时能够分组进行手动或自动控制。

图 6.7 是采用超细干粉灭火系统详细接线示意图。1 套气体灭火控制装置可配置最多 4 个独立的模块，分别对现场 4 个区域进行自动灭火控制。每个区域内的探测设备、报警输入输出设备等接入模块的信号及电源总线，实现自动灭火系统的联动启动；每个区域内的温控器和手动延时模块接入数据总线，分别实现自动灭火系统的自动启动和手动启动。

6.2.5　舱室其他联动控制要求

火灾自动报警系统应与视频监控系统、入侵报警系统、出入口控制系统建立联动。发生火灾时关闭相应区域的正常照明，发出声光报警或语音提示，同时联动控制出入口，打开区域内的疏散通道，并将报警信号传送至监控中心，在监控中心显示并报警，视频监控系统自动显示报警区域的现场图像。当确认现场火灾时，火灾自动报警系统联动关闭着火防火分区及相邻分区的通风设备及常开防火门，启动自动灭火系统。

6.3　电气火灾监控系统

6.3.1　电气火灾监控系统的组成

据统计，电气故障是引发火灾的首要原因，其主要源于电缆老化、施工的不规范和电气设备故障等。电气火灾一般起始于电气柜、电缆接头等绝缘薄弱环节，电气火灾监控系统能在发生电气故障、产生一定电气火灾隐患的条件下发出报警，提醒专业人员排除电气火灾隐患，实现电气火灾的早期预防，避免电气火灾的发生，因此具有很强的电气防火预警功能。

需要说明的是，电气火灾监控系统是作为电力供电系统的保障型系统，不能影响正常供电系统的工作。电气火灾监控探测器一旦报警，表示其监视的保护对象发生了异常，产生了一定的电气火灾隐患，容易引发电气火灾，但是并不表示已经发生了火灾，因此报警后没有必要自动切断保护对象的供电电源，但需要专业维护人员排查隐患。

线型感温火灾探测器的探测原理与测温式电气火灾监控探测器的探测原理相似，某些场合下利用其进行电气火灾隐患的探测。线型感温火灾探测器的报警信号可接入电气火灾监控器。综合管廊内使用的线型感温火灾探测器可以采用上述方式，也可以将线型感温火灾探测器的探测信号作为报警信号直接接入火灾自动

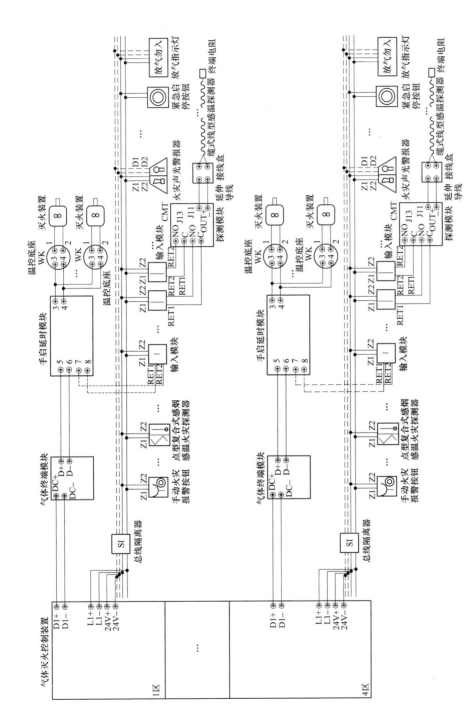

图 6.7 超细干粉灭火系统接线示意图

报警系统，两种方式下，其设定的温度取值有所区别。

电气火灾监控系统由电气火灾监控器和电气火灾探测器构成。其中电气火灾探测器目前主要有以下三种：剩余电流式电气火灾探测器、测温式电气火灾探测器和故障电弧探测器等。

电气火灾监控器能够监测的点数，根据不同的规格型号，可以选择几十点到上千点。电气火灾探测器的监测点通过信号总线接入电气火灾监控器，信号总线的通信距离小于 1.5km。提供 RS485 和 CAN 等通信接口，具备联网功能。主电电源为交流 220V，采用消防电源，备用电源为 DC24V 铅酸蓄电池。

剩余电流式电气火灾监控探测器应以设置在低压配电系统首端为基本原则，宜设置在第一级配电柜（箱）的出线端，报警电流可设置在 50～1000mA。在供电线路泄漏电流大于 500mA 时，宜在其下一级配电柜（箱）设置。剩余电流式电气火灾监控探测器不应设置在 IT 系统和消防配电线路中。在综合管廊中的剩余电流式电气火灾监控探测器，应用于管廊现场区域的普通负荷配电箱的进线端。

测温式电气火灾监控探测器是对保护对象的温度变化进行监测，探测器应采用接触或贴近保护对象的电缆接头、电缆本体或开关等容易发热的部位的方式设置，报警温度设定值默认 70℃。对于低压供电系统，宜采用接触式设置。对于高压供电系统，宜采用光纤测温式或红外测温式电气火灾监控探测器。在综合管廊中的测温式电气火灾监控探测器，主要应用于电缆接头处。

6.3.2　电气火灾监控系统的结构

前文提到电气火灾监控系统的设置和火灾自动报警系统的设置一致，即按区段进行设置。每台电气火灾监控器完成本区段内的各个现场基本配电单元内的监测点的监测。监控器通过 CAN 总线接入火灾自动报警控制器。详细的接线示意图详见图 6.8。

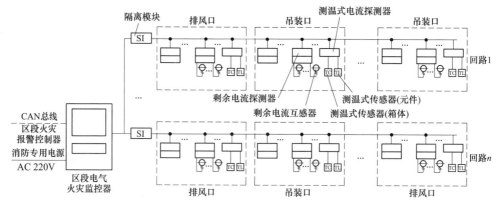

图 6.8　区段电气火灾监控系统图

现场配电箱的剩余电流信号通过电流互感器测量，互感器测量电流输出到剩余电流探测器；测温传感器安装在箱体内或电缆接头处，其测量温度输出到测温式电流探测器；各个探测器通过信号总线接入位于区段中部的电气火灾监控器。

6.4 防火门监控系统

6.4.1 防火门监控系统的组成

建筑物内的疏散通道上的防火门有常闭型和常开型，设置防火门监控系统，将防火门各状态信号接入防火门监控系统，同时监控系统通过监控模块对防火门进行联动控制。防火门监控系统由防火门监控器、联动电源、电动闭门器、电磁释放器和门磁开关等构成。

常开防火门有两种形式：设置电磁释放器加门磁开关的形式，和设置电动闭门器的形式。在防火门监控系统中，需要把门磁开关、电磁释放器和电动闭门器等通过监控模块接入防火门监控器，还需要完成联动控制时通过监控模块对常开防火门进行关闭操作。常开型防火门平时开启，防火门任一侧所在防火分区内两只独立的火灾探测器或一只火灾探测器与一只手动报警按钮报警信号的"与"逻辑联动关闭防火门。防火门的故障状态可以包括闭门器故障、门被卡后未完全关闭等。

常闭型防火门当有人通过后，由闭门器将门关闭，不需要联动，常闭防火门设置门磁开关，监视其状态。

常开防火门和常闭防火门的监控系统安装如图6.9所示。

防火门监控器能够监测的点数，根据不同的规格型号，可以选择几十点到上千点。各防火门的状态信息通过监控模块及信号总线接入防火门监控器，信号总线的通信距离小于1.0km。提供RS485和CAN等通信接口，具备联网功能。主电电源为交流220V，采用消防电源，备用电源为DC24V铅酸蓄电池。

6.4.2 防火门监控系统的结构

防火门监控系统的设置和电气火灾监控系统的设置一致，即按区段进行设置。每台防火门监控器完成本区段内的各个功能节点内的常开常闭防火门状态监测和联动控制。监控器通过CAN总线接入火灾自动报警控制器。防火门监控系统详细的接线示意图详见图6.10。

现场各处的常开、常闭防火门状态信号通过监控模块接入信号总线，从而将各个防火门状态信息传输到位于区段中部的电气火灾监控器。其中常闭防火门将门磁开关信号接入监控模块，单门设1只门磁开关，双开门设2只；常开防火门采用将电磁释放器和门磁开关接入监控模块，或者采用将电动闭门器接入监控模块（无门磁释放器）两种方式，监控模块还能接收联动控制信息，驱动电动闭门器或电磁释放器动作。

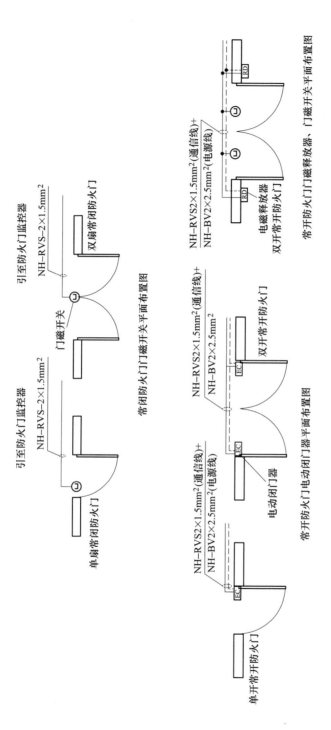

图 6.9　防火门监控系统安装图

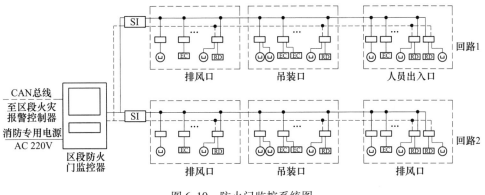

图 6.10 防火门监控系统图

6.5 可燃气体探测报警系统

6.5.1 可燃气体探测报警系统的组成

为保证综合管廊运行安全，管廊内的天然气舱内应设置可燃气体探测报警系统。

可燃气体探测报警系统由可燃气体报警控制器、可燃气体探测器和火灾声光警报器组成，能够在保护区域内泄漏可燃气体的浓度低于爆炸下限的条件下提前报警，从而预防由于可燃气体泄漏引发的火灾和爆炸事故的发生。

综合管廊内每个防火分区内设置 1 台可燃气体报警控制器。可燃气体报警控制器提供单条或多条通信总线，总线最远通信距离小于 1.5km，每条总线的探测器接入点数在 16 个。提供 RS485 和 CAN 等通信接口，具备联网功能。主电电源为交流 220V，采用消防电源，备用电源为 DC24V 铅酸蓄电池。

可燃气体探测器的检测原理根据其传感器的不同，分为催化燃烧式、电化学式和红外吸收式。综合管廊天然气舱室内检测气体为 CH_4，可燃气体探测器采用催化燃烧式和红外吸收式为主，输出信号 4~20mA，防爆等级为 ExdⅡcT6。

天然气舱内的可燃气体探测器安装于天然气管道连接处、阀门处和调压设备等的上方，距顶棚 0.3m，两台探测器之间距离不大于 15m。可燃气体报警控制器位于舱室外的功能节点内。在舱内设置声光警报器，在舱室的两端出入口位置应不大于 2m，中间区域间距不大于 30m。

天然气一级报警浓度设定值不应大于其爆炸下限值（体积分数）的 20%。当含天然气管道的舱室内任意一只天然气探测器超过一级报警浓度设定值时，启动本区间和监控中心的报警器，并发出报警信号联动启动事故段及其相邻区段的事故风机。

天然气二级报警浓度设定值不应大于其爆炸下限值（体积分数）的 40%。当含天然气管道的舱室内任意一只天然气探测器超过二级报警浓度设定值时，启动本区间和监控中心的报警器，并发出切断天然气管道紧急切断阀的联动信号。

6.5.2　可燃气体探测报警系统的结构

可燃气体探测报警系统结构如图 6.11 所示。每个防火分区设置一套可燃气体探测报警子系统，各气体控制器通过通信网络最终接入位于监控中心的可燃气体报警管理平台。

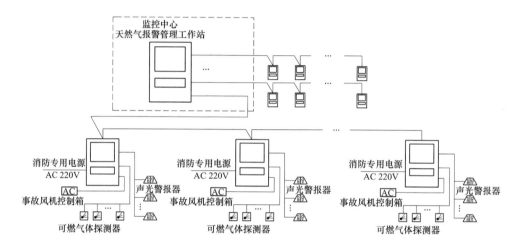

图 6.11　可燃气体探测报警系统示意图

每个防火分区内的可燃气体探测器通过总线接入可燃气体控制器，当可燃气体浓度值达到相应的设定值时，可燃气体控制器产生输出信号控制声光警报器或事故风机。

6.6　消防设备电源监控系统

6.6.1　消防设备电源监控系统的组成

消防设备电源监控系统是针对消防设备的电源进行实时监控的系统。通过检测消防设备电源工作状态，在电源发生过压、欠压、过流、缺相等故障时，发出报警信号，实时反映被监控设备电源的工作状态，集中显示，从而有效避免火灾发生时，消防设备由于电源故障而无法正常工作的危急情况，最大限度地保障消防联动系统的可靠性。

主要的消防设备电源如表 6.5 所示。

表 6.5 主要消防设备电源

序号	消防设施名称	消防设备电源
1	消火栓系统	消防泵电源
2	自动喷水（雾）及喷淋系统	喷淋泵电源
3	泡沫灭火系统	消防水泵、泡沫液泵电源
4	干粉、气体灭火系统	供电电源
5	防排烟系统	防排烟风机电源、各类电动防火阀等
6	防火门和防火卷帘系统、消防电梯	供电电源
8	消防应急照明和疏散指示	应急照明电源
9	消防应急电源EPS	EPS电源

消防设备电源监控系统由消防设备电源状态监控器、电压信号传感器、电压/电流信号传感器和配套电流探头等部分或全部设备组成。

消防设备电源状态监控器用于显示、存储和传输消防用电设备供电电源的工作状态和故障报警信息。其容量根据型号规格的不同，有 64 点到 512 点不等。消防设备电源的电压电流参数通过信号总线接入消防设备电源监控器，信号总线的通信距离小于 2.0km。提供 RS485 和 CAN 等通信接口，具备联网功能。主电电源为交流 220V，采用消防电源，备用电源为 DC24V 铅酸蓄电池。

电压信号传感器监控消防设备主、备电源的电压参数，以及过压、欠压、缺相和中断供电等故障状态，提供 CAN 接口与监控器通信。

电压/电流信号传感器监控消防设备主、备电源的电压参数，以及过压、欠压、缺相、过流和中断供电等故障状态。电流监测需配置电流探头（互感器），提供 CAN 接口与监控器通信。

6.6.2 消防设备电源监控系统的结构

消防设备电源监控系统的结构如图 6.12 所示。位于综合管廊监控中心内的消防设备电源监控器，通过 CAN 总线与综合管廊内各区段的消防设备电源传感器进行组网通信。各电压电流传感器设置于监控中心消防设备电源箱、区段消防设备总箱、各防火分区消防设备配电箱、应急照明箱、火灾自动报警子系统电源箱、自动灭火子系统电源箱和防火门监控子系统电源箱等。

由于消防电源监控器要为现场电压电流传感器提供 DV24V 电源，连接 64 台传感器时电源线路的供电范围为 500m；超过 500m 或者传感器数量超过 64 台时，采用区域分机延长 500m 的供电范围。

消防设备电源监控系统的总线通信采用的 CAN 通信，消防电源监控器的最远通信距离为 2km，利用区域分机可延长 2km 的供电范围。整个监控系统的最远通信距离不大于 8km。当综合管廊规模较大，超过上述范围时，可考虑采用光纤通信结合协议转换的方式来实现组网。

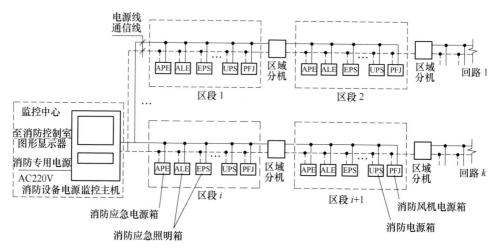

图 6.12　消防设备电源监控系统示意图

第7章 城市综合管廊监控中心

7.1 城市综合管廊的监控中心功能及配置

7.1.1 监控中心的功能

由于综合管廊为建设于地下并服务于敷设管线的封闭空间，为无人值守的场所。在正常情况下，综合管廊的日常运行维护工作，采用监控中心集中监控，结合现场定期巡视的管理方式。根据《城镇综合管廊监控与报警系统工程技术标准》（GB/T 52174—2017）的第3.2.1条，设有监控与报警系统的综合管廊，应设置监控中心用房。

综合管廊监控中心是指安装有统一管理平台和各组成系统后台等中央层设备，满足综合管廊建设运营单位对所辖综合管廊本体环境、附属设施进行集中监控、管理，协调管线管理单位、相关管理部门工作需求的场所。综合管廊监控中心既是日常监控、运行管理中心，也是应急事故、灾情处理指挥中心。

综合管廊监控中心是综合管廊运营管理最为重要的建筑之一，具有较高的安全性和可靠性要求。监控中心可采用独立专用的建筑形式，也可以与城市气象、给水、排水、交通等监控管理中心或周边公共建筑合建，便于智慧型城市建设和城市基础设施统一管理。

为了使监控中心值班人员能够对综合管廊内的环境参数、机电设备和系统进行集中监视、远程操作和管理，监控、报警和联动反馈信号应接入监控中心，且监控中心与综合管廊之间设置连接通路。监控中心的设置位置，根据片区总体规划、所属区域划分和运行管理要求等综合考虑。

7.1.2 监控中心的布置

综合管廊监控中心通常设置有控制设备中心、大屏幕显示装置和调度会议室等。其中最主要的功能区域包括控制区、设备区等。设有消防控制系统的综合管廊，为了便于和其他相关监控与报警子系统在灾情发生时的跨系统联动、协同工作，其消防控制中心也应与监控中心控制区合用。

控制区也称中控室或控制中心，内部的主要设备包括显示大屏、各子系统的监控操作站、统一管理平台工作站和工作人员操作台等。《城镇综合管廊监控与报警系统工程技术标准》（GB/T 52174—2017）第3.2.2条中规定，控制区的面积不宜小于20m²。

中控室布置要求包括：布置在便于运行人员巡视检查、电缆较短、避开噪声、朝向良好和进出方便的地方；当整个监控中心为多层建筑时，其中控室一般设在上层；各类屏的布置要求监视、调试方便，力求紧凑，并应注意整齐美观。

设备区内主要布置各类机柜，具体包括视频监控机柜、安防机柜、通信机柜、综合布线机柜、服务器柜、UPS柜、统一管理平台机柜和火灾自动报警机柜等。此外还须设置消防控制系统的监控中心，其消防设备采用集中设置，与其他设备之间有明显的分隔。图7.1给出了控制中心的典型布置。

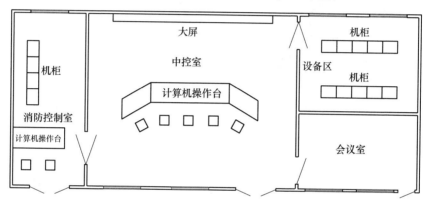

图7.1　控制区设备布置图

设备区的使用面积 A 根据设备的数量、外形尺寸和布置方式确定，并应预留今后发展需要的使用面积。可采用下式计算：

$$A = K\sum S \tag{7.1}$$

式中　A——设备区使用面积，m²；

　　　K——系数，可取5~7；

　　　S——系统设备的投影面积，m²。

当系统设备未确定具体尺寸时，设备区的面积可按下式计算：

$$A = PN \tag{7.2}$$

式中　P——单台设备占用面积，可取3.5~5.5m²；

　　　N——设备区内设备的台数。

7.1.3　监控中心的设备装置

7.1.3.1　设备布置

监控中心的监控与报警系统等电子信息系统设备区内的设备主要是各类机

柜，主要有交换机柜、安防柜、视频监控柜和 UPS 柜等，其布置的主要要求有：

（1）用于搬运设备的通道净宽不应小于 1.5m。

（2）面对面布置的机柜（架）正面之间的距离不宜小于 1.2m。

（3）背对背布置的机柜（架）背面之间的距离不宜小于 0.8m。

（4）当需要在机柜（架）侧面和后面维修测试时，机柜（架）与机柜（架）、机柜（架）与墙之间的距离不宜小于 1.0m。

（5）成行排列的机柜（架），其长度超过 6m 时，两端应设有通道；当两个通道之间的距离大于 15m 时，在两个通道之间还应增加通道。通道的宽度不宜小于 1m，局部可为 0.8m。

监控中心的消防控制室内设备布置，还应根据 GB 50116—2013 的第 3.4.8 条，其内设备的布置应符合下列规定：

（1）设备面盘前的操作距离，单列布置时不应小于 1.5m；双列布置时不应小于 2m。

（2）在值班人员经常工作的一面，设备面盘至墙的距离不应小于 3m。

（3）设备面盘后的维修距离不宜小于 1m。

（4）设备面盘的排列长度大于 4m 时，其两端应设置宽度不小于 1m 的通道。

7.1.3.2 等电位联结

监控中心内所有设备的金属外壳、各类金属管道、金属线槽、建筑物金属结构等必须进行等电位联结并接地。

各电子信息设备的等电位联结方式应根据电子信息设备易受干扰的频率及数据中心的等级和规模确定，可采用 S 型、M 型或 SM 混合型。

采用 M 型或 SM 混合型等电位联结方式时，主机房应设置等电位联结网格，网格四周应设置等电位联结带，并应通过等电位联结导体将等电位联结带就近与接地汇流排、各类金属管道、金属线槽、建筑物金属结构等进行连接。每台电子信息设备（机柜）应采用两根不同长度的等电位联结导体就近与等电位联结网格连接。

等电位联结网格应采用截面积不小于 $25mm^2$ 的铜带或裸铜线，并应在防静电活动地板下构成边长为 $0.6 \sim 3m$ 的矩形网格。

7.1.3.3 静电防护

主机房和安装有电子信息设备的辅助区，地板或地面应有静电泄放措施和接地构造，防静电地板、地面的表面电阻或体积电阻值应为 $2.5 \times 10^4 \sim 1.0 \times 10^9 \Omega$，且应具有防火、环保、耐污耐磨性能。

主机房和辅助区中不使用防静电活动地板的房间，可铺设防静电地面，其静电耗散性能应长期稳定，且不应起尘。

辅助区内的工作台面宜采用导静电或静电耗散材料。

静电接地的连接线应满足机械强度和化学稳定性的要求，宜采用焊接或压接。当采用导电胶与接地导体粘接时，其接触面积不宜小于 $20cm^2$。

7.1.3.4 设备装置的环境条件

控制区及设备区的环境条件包括温度、湿度和照度。其具体的要求见表 7.1。

表 7.1 控制区及设备区环境条件

地　点	温度/℃	湿度/%	照度/lx
控制区	18~28	35~75	300
设备区	18~28	40~70	500

7.2 监控中心供配电装置

7.2.1 监控中心 10kV 配电装置

在前文的综合管廊供电系统的主接线部分提到，规模较大的综合管廊的供配电系统，采用设置 10kV 中心配电站加现场 10kV 区域变电所的方式，现场区域变电所的 10kV 电源由中心变电所通过放射式、链式或环式供电方式引来。由于 10kV 中心配电站与监控中心均同属于综合管廊的重要附属设施，为了便于运营管理，采用将两者合建的方式较为合理。下面对监控中心 10kV 中心配电站的站址选择、型式与布置和通道与围栏布置要求进行分析。

7.2.1.1 变（配）电站的类型

变（配）电站是电力系统的一个中间环节，通过变电站的变压器将各级电力网联系起来，起着汇集和分配并改变电压的作用。按照功能用途的不同，可分为总降压站、配电站和变电站等；按照所处位置的不同，可分为独立式变电站、附设式变电站、建筑物内变电站、露天变电站和杆上变电站；按布置形式的不同，可分为户外变电站和户内变电站等。

综合管廊的 10kV 中心配电站内主要的配电装置包括高压开关柜和相应的微机保护装置，以及动力变压器等。

7.2.1.2 站址选择

综合管廊 10kV 中心配电站站址的选择，主要的要求有：

（1）宜接近负荷中心；

（2）宜接近电源侧；

（3）应方便进出线；

（4）应方便设备运输；

（5）不应设在有剧烈振动或高温的场所；

（6）不宜设在多尘或有腐蚀性物质的场所，当无法远离时，不应设在污染源盛行风向的下风侧，或应采取有效的防护措施；

（7）不应设在厕所、浴室、厨房或其他经常积水场所的正下方处，也不宜设在与上述场所相贴邻的地方，当贴邻时，相邻的隔墙应做无渗漏、无结露的防水处理；

（8）当与有爆炸或火灾危险的建筑物毗连时，变电所的所址应符合现行国家标准《爆炸和火灾危险环境电力装置设计规范》（GB 50058）的有关规定；

（9）不应设在地势低洼和可能积水的场所；

（10）不宜设在对防电磁干扰有较高要求的设备机房的正上方、正下方或与其贴邻的场所，当需要设在上述场所时，应采取防电磁干扰的措施。

7.2.1.3　型式与布置

综合管廊 10kV 中心变电站型式与布置的主要规定有：

（1）高层或大型民用建筑内，宜设户内变电所或预装式变电站。

（2）负荷小而分散的工业企业、民用建筑和城市居民区，宜设独立变电所或户外预装式变电站，当条件许可时，也可设附设变电所。

（3）城镇居民区、农村居民区和工业企业的生活区，宜设户外预装式变电站，当环境允许且变压器容量小于或等于 400kVA 时，可设杆上式变电站。

（4）有人值班的变电所，应设单独的值班室。值班室应与配电室直通或经过通道相通，且值班室应有直接通向室外或通向变电所外走道的门。当低压配电室兼作值班室时，低压配电室的面积应适当增大。

（5）变电所宜单层布置。当采用双层布置时，变压器应设在底层，设于二层的配电室应设搬运设备的通道、平台或孔洞。

（6）高、低压配电室内，宜留有适当的配电装置备用位置。低压配电装置内，应留有适当数量的备用回路。

（7）非充油的高、低压配电装置和非油浸型的电力变压器，可设置在同一房间内，当二者相互靠近布置时，应符合下列规定：

1）在配电室内相互靠近布置时，二者的外壳均应达到 IP2X；

2）在车间内相互靠近布置时，二者的外壳均应达到 IP3X。

（8）尽量利用自然采光和自然通风。

（9）变电所的地面，宜高出室外地面 150~300mm。

（10）配电室的门应向外开。相邻配电室之间有门时，该门应双向开启或向低压方向开启。

（11）抗震设计应符合现行《电力设施抗震设计规范》（GB 50260）的有关规定。

综合管廊 10kV 中心配电站通常处于城市，存在用地紧张等问题，采用建筑物内户内布置的型式，采用多层布置的方式。另外，综合管廊的 10kV 中心配电站从就近取得 10kV 电源相对比较容易，因此其内无需设置降压变压器，该 10kV 中心配电站也称为 10kV 开关站。

7.2.1.4　通道与围栏

综合管廊 10kV 中心变电站通道与围栏布置的主要规定有：

（1）室内配电装置的最小电气安全净距应符合表 7.2 的规定。

（2）设置在变电所内的非封闭式干式变压器，应装设高度不低于 1.8m 的固定围栏，围栏网孔不应大于 40mm×40mm。变压器的外廓与围栏的净距不宜小于0.6m，变压器之间的净距不应小于 1.0m。

（3）高压配电室内成排布置的高压配电装置，其各种通道的最小宽度，应符合表 7.3 的规定。

表 7.2　室内配电装置的最小电气安全净距　　　　　　　　　（mm）

项　　目	额定电压/kV			符　号
	≤1	10	20	
无遮拦裸带电部分至地（楼）面之间	2500	2500	2500	—
裸带电部分至接地部分和不同的裸带电部分之间	20	125	180	A
距地面 2.5m 以下的遮拦防护等级为 IP2X，裸带电部分与遮拦物间水平间距	100	225	280	B
不同时停电检修的无遮拦裸导体之间的水平距离	1875	1925	1980	—
裸带电部分至无孔固定遮拦	50	155	—	—
裸带电体部分至用钥匙或工具才能打开或拆卸的栅栏	800	875	930	C
高低压引出线的套管至户外通道地面	3650	4000	4000	—

注：海拔高度超过 1000m 时，表中符号 A 后的数值应按每升高 100m 增大 1% 进行修正，符号 B、C 后的数值应加上符号 A 的修正值；裸带电部分的遮拦高度不小于 2.2m。

表 7.3　高压配电室内各种通道的最小宽度　　　　　　（mm）

开关柜布置方式	柜后维护通道	柜前操作通道	
		固定式开关柜	移开式开关柜
单排布置	800	1500	单手车长度+1200
双排面对面布置	800	2000	双手车长度+900
双排背对背布置	1000	1500	单手车长度+1200

注：1. 固定式开关柜为靠墙布置时，柜后与墙净距应大于50mm，侧面与墙净距宜大于200mm；
　　2. 通道宽度在建筑物的墙面有柱类局部凸出时，凸出部位的通道宽度可减少200mm；
　　3. 当开关柜侧面需设置通道时，通道宽度不应小于800mm；
　　4. 对全绝缘密封式成套配电装置，可根据厂家安装使用说明书减少通道宽度。

7.2.2　监控中心低压配电装置

7.2.2.1　低压配电装置的构成

综合管廊的监控中心内通常设置低压配电系统，除了负责监控中心内的用电设备的配电，还对其就近的综合管廊内基本配电单元进行配电。为此需设置10/0.38kV 的配电变压器装置，其他的低压配电装置包括低压配电柜，以及专用于监控与报警系统的 UPS 系统。

低压配电装置设置于低压配电室内，低压配电室可与综合管廊 10kV 中心变电站高压配电室合建，设置在监控中心底层；也可以单独设置在二层；UPS 系统宜设置在二层中控室的设备间内，以便接近用电负荷。

7.2.2.2　低压配电装置的布置

（1）低压配电室内成排布置的配电屏的通道最小宽度，应符合表7.4 的规定。当配电屏与干式变压器靠近布置时，干式变压器通道的最小宽度应为800mm。

表 7.4　低压成排布置的配电屏道最小宽度　　　　　　（m）

配电屏类型		单排布置			双排面对面			双排背对背			多排同向			屏侧通道
		屏前	屏后		屏前	屏后		屏前	屏后		屏间	前后排距墙		
			维护	操作		维护	维护		维护	维护		前排屏前	后排屏后	
固定式	不受限制时	1.5	1.0	1.2	2.0	1.0	1.2	1.5	1.5	2.0	2.0	1.5	1.0	1.0
	受限制时	1.3	0.8	1.2	1.8	0.8	1.2	1.3	1.3	2.0	1.8	1.3	0.8	0.8
抽屉式	不受限制时	1.8	1.0	1.2	2.3	1.0	1.2	1.8	1.0	2.0	2.3	1.8	1.0	1.0
	受限制时	1.6	0.8	1.2	2.1	0.8	1.2	1.6	0.8	2.0	2.1	1.6	0.8	0.8

注：1. 受限制时是指受到建筑平面的限制、通道内有柱等局部突出物的限制；
　　2. 屏后操作通道是指需在屏后操作运行中的开关设备的通道；
　　3. 背靠背布置时屏前通道宽度可按本表中双排背对背布置的屏前尺寸确定；
　　4. 控制屏、控制柜、落地式动力配电箱前后的通道最小宽度可按本表确定；
　　5. 挂墙式配电箱的箱前操作通道宽度，不宜小于1m。

（2）配电装置的长度大于 6m 时，其柜（屏）后通道应设两个出口，当低压配电装置两个出口间的距离超过 15m 时应增加出口。

（3）落地式配电箱的底部应抬高，高出地面的高度室内不应低于 50mm，室外不应低于 200mm；其底座周围应采取封闭措施，并应能防止鼠、蛇类等小动物进入箱内。

（4）配电室通道上方裸带电体距地面的高度不应低于 2.5m；当低于 2.5m 时，应设置防护等级不低于 IP××B 级或 IP2×级的遮拦或外护物，遮拦或外护物底部距地面的高度不应低于 2.2m。

第8章 城市综合管廊电气节能

8.1 电气节能概况

节约能源是我国的基本国策，是可持续发展的主题。节约能源是指加强用能管理，采取技术上可行、经济上合理以及环境和社会可以承受的措施，从能源生产到消费各个环节，降低消耗、减少损失和污染物排放、制止浪费，有效合理地利用能源。综合管廊的节能措施覆盖工艺节能、建筑节能、附属设施节能（水、电、暖和动力等）等方面，其中电能作为其主要的能源，广泛应用在综合管廊内各处。合理的管理和利用电能，能够取得很好的节能效果。

综合管廊在电力系统中属于用户端，其电气节能对象分为用电设备、供配电系统和用电管理系统三个层次。用电设备节能主要针对电动机、变压器和电气照明等；供配电系统节能包括降低线路损耗、合理配置无功功率补偿和改善电能质量等；用电管理主要指对电能及能效进行监测。综合管廊的电气节能措施具体包括供电系统节能、配电变压器节能、配电线路节能、电机节能、照明系统节能和能效管理系统等方面。

8.2 供配电系统节能

供配电系统应采取有效的节能措施。通过合理的负荷计算，按电源条件、负荷特点合理确定变电所位置、电压等级以及系统的接线方式，按照需要配置无功负荷补偿装置，合理选择节能型电气设备。下面分析供配电系统节能的几个方面。

8.2.1 电压选择与节电

根据用电性质、用电容量选择合理供电电压和供电方式。

变电站的位置应接近负荷中心，减少变压级数，缩短供电半径。避免多次降压，简化电压等级，具有很好的降低电压损失的效果。对多次降压及负荷过重的场合进行升压改造，当输送负荷不变时，升压后降低功率损耗的百分率计算公式如式8.1所示。

$$\Delta\Delta P\% = \left(1 - \frac{U_{n1}^2}{U_{n2}^2}\right) \times 100\% \qquad (8.1)$$

式中　$\Delta\Delta P\%$——升压后功率损耗降低百分率,%;

　　　U_{n1}——供配电系统升压前的标称电压, kV;

　　　U_{n2}——供配电系统升压后的标称电压, kV。

（1）目前综合管廊供电电压等级以 10kV 为主, 当升压采用 20kV 的电压等级后, 其输电能力提高、线路损耗降低、供电半径增大。下面对其升压前后节能效果进行分析。

首先, 10kV 升压至 20kV 电压后, 当其他条件不发生改变时, 根据视在功率计算公式 $S = \sqrt{3}\,U_n I_r$, 则其配电网容量增加一倍。

配电线路的电压降计算公式如式 8.2 所示。

$$\Delta U\% = \left(\frac{PR + QX}{10U_n^2}\right) \times 100\% \tag{8.2}$$

式中　$\Delta U\%$——电压降,%;

　　　R——配电线路电阻, Ω;

　　　X——配电线路电抗, Ω;

　　　U_n——配电线路的标称电压, kV;

　　　P——配电线路的有功功率, kW;

　　　Q——配电线路的无功功率, kvar。

在负荷不变的情况下, 20kV 时电压损失是 10kV 的 25%。

配电线路的供电半径计算公式如式 8.3 所示。

$$l = \frac{10U_n^2\Delta U}{\sqrt{3}I_n(r_0 + x_0\tan\varphi)\cos\varphi} \tag{8.3}$$

式中　l——配电线路供电半径, m;

　　　I_n——线路电流, A;

　　r_0, x_0——分别为导线单位长度电阻、电抗, Ω。

在负荷不变的情况下, 20kV 时供电半径是 10kV 的 2 倍。

（2）目前综合管廊配电电压等级以 0.38kV 为主, 当采用 0.66kV 的电压等级后, 电压提高 $\sqrt{3}$ 倍, 其输电能力提高、线路损耗降低、电压质量提高、金属材料节约和供电半径增大。下面对采用 0.66kV 后节能效果进行分析。

线路输送能力 P_z 与电压 U_n 平方成正比, 提高电压能够提高送电功率。线路长度和截面不变时, 0.66kV 输送功率为 0.38kV 的 3 倍。

电压提高后, 电流降为原来的 $1/\sqrt{3}$, 功率损耗为负载电流的平方成正比, 0.66kV 供电线路功率损耗为 0.38kV 的 1/3, 能减少线路 2/3 的功率损耗。

在配电线路导线截面相同的情况下, 电压损失与电压的平方成反比, 0.66kV 配电线路电压降为 0.38kV 的 1/3, 能减少 66.7% 的电压降。

由于电压提高, 可以使异步电动机工作电流、起动电流和电压降降低, 电动机过流保护整定值随之降低。

在 0.66kV 电压等级下其导线截面为 0.38kV 的 57.7%，其电缆、配电开关方面节约材料约 50%。

8.2.2 双回路或多回路供电与节能

一个回路供电时线路损耗为 ΔP，若在供电容量和供电线路不变情况下，采用两个回路供电，且负荷平衡，每个回线路供电电流 I_2 为原来的 1/2，两回路总的损耗也为原来的 1/2，因此采用多回路同时承担负荷，能够有效降低线路损耗。

8.2.3 提高功率因数与节电

（1）线路功率损耗的计算公式如式 8.4 所示。

$$\Delta P = 3I^2R \times 10^{-3} = \frac{P^2R}{U^2\cos\varphi^2} \times 10^{-3} \tag{8.4}$$

式中 $\cos\varphi$——输电线路负荷的功率因数。

在有功功率一定的情况下，功率损耗 ΔP 与 $\cos\varphi$ 成反比，提高 $\cos\varphi$ 就能够使 ΔP 减少。设改善前功率因数为 $\cos\varphi_1$，改善后功率因数为 $\cos\varphi_2$，则减少的功率损耗可按式 8.5 计算。

$$\Delta P = \left(\frac{P}{U}\right)^2 R\left(\frac{1}{\cos^2\varphi_1} - \frac{1}{\cos^2\varphi_2}\right) \times 10^{-3} \tag{8.5}$$

（2）当变压器二次侧功率因数提高，则总的负荷电流减少，铜损降低。提高功率因数后，变压器节约的有功功率 ΔP 和无功功率 ΔQ 计算见式 8.6。

$$\left.\begin{aligned} \Delta P &= \left(\frac{P_2}{S_{rT}}\right)^2 \left(\frac{1}{\cos^2\varphi_1} - \frac{1}{\cos^2\varphi_2}\right) P_k \\ \Delta Q &= \left(\frac{P_2}{S_{rT}}\right)^2 \left(\frac{1}{\cos^2\varphi_1} - \frac{1}{\cos^2\varphi_2}\right) Q_k \end{aligned}\right\} \tag{8.6}$$

式中 P_2——变压器负荷侧输出的功率，kW；

$\quad\quad S_{rT}$——变压器额定容量，kVA；

$\quad\quad P_k$——变压器额定负荷时的有功功率损耗，kW；

$\quad\quad Q_k$——变压器额定负荷时的无功功率损耗，kvar。

提高变压器二次侧功率因数，能够减小变压器无功电流和负荷电流，减小了电压降、负荷电流和视在功率，从而减小线路截面和变压器的容量。

8.3 配电变压器节能

变压器是一种进行电功率传递和电压变换的电气设备，广泛应用于电力系统各个环节。虽然其额定效率较高，但由于在电力系统中的数量极大，变压器的总电能损耗还是相当可观的，约占总发电量的 7%~10%。变压器节能主要措施包括合理选择容量、保证经济运行两部分。为便于分析变压器节能，下面重点分析应用最多的配电变压器的运行特性。

配电变压器损耗主要有空载损耗和负载损耗。

空载损耗主要是铁芯损耗，由磁滞损耗和涡流损耗组成，空载损耗与铁芯磁通密度、材料性能、芯片厚度和加工工艺等因素有关。如普通钢带铁芯在磁通密度 1.7T 下为 0.85W/kg，非晶合金铁芯在 1.2T 下约 0.2W/kg。

负载损耗主要是负载电流通过绕组时的损耗，也称为铜损，与负载电流的二次方成正比。

变压器带负荷运行下的有功损耗及无功损耗计算见式 8.7。

$$\left. \begin{array}{l} \Delta P = P_0 + \beta^2 P_k \\ \Delta Q = Q_0 + \beta^2 Q_k = \dfrac{I_0\%}{100} S_{rT} + \beta^2 \dfrac{u_k\%}{100} S_{rT} \end{array} \right\} \tag{8.7}$$

则变压器带负荷情况下变压器综合有功损耗为

$$\begin{aligned} \sum P &= P_0 + \beta^2 P_k + K_Q Q_0 + K_Q \beta^2 Q_k \\ &= P_0 + K_Q \frac{I_0\%}{100} S_{rT} + \beta^2 \left(P_k + K_Q \frac{u_k\%}{100} S_{rT} \right) \end{aligned} \tag{8.8}$$

变压器负载率为

$$\beta = \frac{P_2}{S_{rT}\cos\theta_2} = \frac{I_2}{I_{2rT}} \tag{8.9}$$

式中　ΔP——变压器有功损耗，kW；

　　　ΔQ——变压器无功损耗，kvar；

　　　$\sum P$——变压器综合有功损耗，kW；

　　　P_k——变压器额定负载有功损耗，kW；

　　　P_0——变压器空载损耗，kW；

　　　β——变压器负载率；

　　　P_2——变压器二次侧输出功率，kW；

　　　I_2——变压器二次侧负载电流，A；

　　　I_{2rT}——变压器二次侧额定电流，A；

　　　$\cos\theta_2$——变压器功率因数；

　　　S_{rT}——变压器额定容量，kVA；

　　　K_Q——无功经济当量，kW/kvar。

无功经济当量是变压器的无功损耗对网络造成的有功损耗系数，一般 35kV 配电变压器的取值范围为 $0.02 \leqslant K_Q \leqslant 0.05$；10kV 配电变压器的取值范围为 0.05

$\leqslant K_Q \leqslant 0.1$。

变压器在运行中，自身的有功、无功损耗及综合损耗都将随着负荷的变化而非线性变化。其在非线性曲线中，始终存在一个最低点，有功功率损耗的最低点负荷率称为有功负荷经济负荷率；综合功率损耗的最低点的负荷率为综合功率经济负荷率。变压器经济负荷率是理论上的经济运行点，在经济运行点的基础上可进一步推导变压器经济运行区间。

变压器的综合功率经济负荷率 β_{jz} 及最低综合功率损耗率 $\Delta P_{jz}\%$ 计算公式如下：

$$\beta_{jz} = \sqrt{\frac{P_0}{K_T P_k}} \qquad (8.10)$$

$$\Delta P_{jz}\% = \frac{2P_0}{\beta_{jz} S_N \cos\varphi + \Delta P_0 + \beta_{jz}^2 \Delta P_k} \qquad (8.11)$$

式中　　K_T——负荷波动损耗系数。

变压器年综合电能损耗为

$$W_P = H_{py}\left(P_0 + K_Q \frac{I_0\%}{100} S_{rT}\right) + \tau\beta^2\left(P_k + K_Q \frac{u_k\%}{100} S_{rT}\right) \qquad (8.12)$$

式中　　W_P——变压器年综合电能损耗，kWh；

　　　　H_{py}——变压器年带电小时数，h；

　　　　τ——变压器年最大负荷损耗小时数，h。

变压器年运行费用的计算公式，式 8.13 为采用一部电价时变压器年运行费 C_n 的计算公式；式 8.14 为采用两部电价时的计算公式。

$$C_n = W_p E_e = \left[H_{py}\left(P_0 + K_Q \frac{I_0\%}{100} S_{rT}\right) + \tau\beta^2\left(P_k + K_Q \frac{u_k\%}{100} S_{rT}\right)\right] E_e \qquad (8.13)$$

$$C_n = \left[H_{py}\left(P_0 + K_Q \frac{I_0\%}{100} S_{rT}\right) + \tau\beta^2\left(P_k + K_Q \frac{u_k\%}{100} S_{rT}\right)\right] E_e + 12 E_d S_{rT} \qquad (8.14)$$

式中　　E_e——单位电量电费，元/kWh；

　　　　E_d——两部电价中，变压器容量基本费，元/kVA。

通过以上分析，同一型号和容量的变压器负荷率越高，变压器年综合损耗及年运行费用越高。在相同容量下选择变压器容量越大，变压器综合损耗越小，但变压器投资相应增大，因此需合理选择经济运行负荷率以及变压器容量。

8.4　配电线路节能

综合管廊的负荷分散，配电线路较长、消耗电缆较多是其配电系统的特点之一。配电线路导体流过电流时将产生电能损耗，损耗只与导体材质、截面和长度等因素有关。根据电力部门的统计数据，全国输配电线路损耗约占发电总量的

6.9%，因此，需采取相应的措施以降低线损。主要的措施包括：

（1）配电变压器靠近负荷中心，缩短低压配电线路距离；

（2）在经济合理条件下，采用电导率高的导体；

（3）在满足导体载流量和线路压降的条件下，导体截面积宜适当加大，降低线损；在生命周期累计降低线损的费用能够合理补偿加大截面积所增加的费用，达到经济合理的方法，称为"按经济电流密度选择导体截面积"，即是在经济合理的原则下节能。

按经济电流选择电缆截面积，考虑电缆初建设投资费和电缆寿命期限内累积的电能损耗费，按两者之和最小的原则确定电缆截面积。如图 8.1 所示，曲线 2 表示电缆是初建设投资费，曲线 3 表示电缆寿命期限内运行累积的电缆损耗费，截面积越大，初建设投资费越大，但电能累积损耗越小。曲线 1 是两者之和，其最低点就是总费用最低点。这种方法适用于以下场合：

（1）工作时间长、负荷稳定场所的线路。

（2）高电价地区或单位中工作时间较长、负荷稳定的线路。

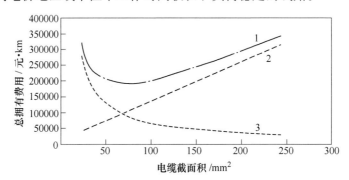

图 8.1　电缆截面积与总拥有费用之间的关系

总拥有费用法将电缆总成本 CT 分为两部分：电缆初始投资 CI（电缆材料费和安装费）和电缆在寿命期限内的运行成本 CJ，即 $CT = CI + CJ$。

电缆初始投资 CI 的近似计算公式如式 8.15 所示。

$$CI = (AS + C)L \tag{8.15}$$

式中　CI——初始投资成本，元；

A——成本可变部分，元/（$mm^2 \cdot m$）；

S——电缆截面积，mm^2；

C——成本不变部分，元/m；

L——电缆长度，m。

电缆运行成本 CJ 包括两部分：负荷电流流过导体发热损耗费 CJ' 和线路损耗引起的额外供电成本 CJ''。其中 CJ' 和 CJ'' 的近似计算公式如式 8.16 所示。

$$CJ' = I_{max}^2 RLN_p N_c \tau P \left.\right\}$$
$$CJ'' = I_{max}^2 RLN_p N_c D \left.\right\}$$
(8.16)

电缆运行成本 CJ 的表达式为：

$$CJ = CJ' + CJ'' = I_{max}^2 RLN_p N_c (\tau P + D) \qquad (8.17)$$

式中 I_{max}——流过电缆的最大负荷电流，A；

  R——单位长度电缆的交流电阻，Ω/m；

  N_c——电缆回路数；

  N_p——每回电缆相导体数；

  τ——最大负荷损耗小时数，h；

  P——电价，元/kWh；

  D——线路损耗引起的额外供电容量成本，元/(kW·h·a)。

电缆寿命期按 30 年考虑，为了比较电缆总成本，须将 30 年电缆运行成本归算到第一年，才能在不同电缆截面规格之间进行比较。通常采用将电缆运行成本表示为折现值，即等效的一次性初始投资。其 CJ 最终表示为：

$$CJ = I_{max}^2 RLF \qquad (8.18)$$

式中 F——等效损耗费用系数，元/kW。

按照式 8.15~式 8.18，可以计算出电缆最小运行费用。将上述公式进行整理，得到电缆的经济电流范围，详见式 8.19。

$$I_{ec1} = \sqrt{\frac{CI - CI_1}{FL(R_1 - R)}} \left.\right\}$$
$$I_{ec2} = \sqrt{\frac{CI_2 - CI}{FL(R - R_2)}} \left.\right\}$$
(8.19)

式中 I_{ec1}——经济电流下限值，A；

  I_{ec2}——经济电流下限值，A；

  CI_1——比 CI 小一级截面的电缆总投资，元；

  CI_2——比 CI 大一级截面的电缆总投资，元；

  R——CI 对应截面电缆单位长度的交流电阻，Ω/m；

  R_1——CI_1 对应截面电缆单位长度的交流电阻，Ω/m；

  R_2——CI_2 对应截面电缆单位长度的交流电阻，Ω/m。

8.5 电机节能

电机作为电力系统中最大的一类用电设备，包括电动机、风机和水泵等。其耗电量约占整个电力系统耗电量的 60%。电机节能主要措施包括合理选择电动机，以及保证电动机的经济运行。

下面以普通异步电动机为例，分析有功功率损耗 ΔP 和无功功率损耗 ΔQ，其表达式分别为：

$$\Delta P = P_0 + \beta^2 \left[\left(\frac{1 - \eta_N}{\eta_N} \right) P_N - P_0 \right] \tag{8.20}$$

$$\Delta Q = Q_0 + \beta^2 (Q_N - Q_0) \tag{8.21}$$

式中　P_0，Q_0——分别为电动机空载有功、无功损耗，kW；

　　　P_N，Q_N——分别为电动机额定有功、无功损耗，kW；

　　　η_N——电动机额定效率。

电动机效率和功率因数用于衡量电动机能耗水平，效率的高低反映电动机本身能耗的大小；功率因数的高低反映出电动机无功功率引起的供电网络损耗的大小。要减小电动机电能损耗，主要途径就是提高电动机的效率和功率因数。

此外，通常电动机具有较宽的高效率区域，当负荷率超过一定值时，其效率是较高的。电动机运行在最高效率点 η_m 下的负荷率 β_P 称为有功经济负荷率。

通过以上分析电动机节能措施主要体现在如下几个方面：

（1）选用高效节能型产品。

（2）根据负载特性和运行要求合理选择电动机类型和功率，使之工作在经济运行范围内。

（3）异步电动机采用调压节能措施时，需经综合功率损耗、节约功率计算及起动转矩、过载能力校验，在满足机械负荷要求的条件下，使调压的电动机工作在经济运行范围内。

（4）对机械负载经常变化又有调速要求的电气传动系统，应根据系统特点和条件，进行安全、技术、经济、运行和维护等综合经济分析比较，确定调速运行方案。

（5）在安全、经济合理的条件下，异步电动机宜采用就地无功补偿，提高功率因数。

（6）采用变频器调速时，电动机无功功率不应穿越变频器的直流环节，不可在电动机处设置补偿功率因数的并联电容器。

（7）交流电气传动系统在满足工艺要求、安全生产和运行可靠的前提下，使系统设备及负载相匹配，提高电能利用率。

（8）功率在55kW及以上的电动机，配置电压表、电流表和功率表，监测与计量电动机运行中的有关参数。

8.6　照明系统节能

电气照明广泛应用于生产生活，是保证安全生产、提高产品质量和劳动生产率、保护人们健康视力的必备设施。虽然单个电气照明设备功率只在几瓦到几百瓦之间，由于其使用面广量大，我国用于照明耗电量约占总发电量的10%～

12%。此外照明用电需求也随着经济的发展和生活的改善而快速增长，照明节约能源潜力较大。

照明节能遵循的原则是在保证照明质量，为生产、工作、学习和生活创造良好的光环境前提下，尽可能节约照明用电。国际照明委员会（International Commission on Illumination，CIE）提出了以下 9 条原则：

（1）根据视觉工作需要确定照度水平。

（2）得到所需照度的节能照明设计。

（3）在满足显色性和相宜色调的基础上采用高光效光源。

（4）采用不产生眩光的高效率灯具。

（5）室内表面采用高反射比的装饰材料。

（6）照明和空调系统的散热的合理结合。

（7）设置按需要能关灯或调光的可变照明装置。

（8）人工照明同天然采光的综合利用。

（9）定期清洁照明器具和室内表面，建立换灯和维修制度。

电气照明消耗的功率计算见式 8.22，其影响因素包括 E、A、N、U、K 和 η 等。

$$P = \frac{\Phi}{\eta} = \frac{AE}{NUK\eta} \tag{8.22}$$

式中　E——平均照度，lx；

　　　N——灯具数；

　　　Φ——光源的光通量，lm；

　　　U——利用系数；

　　　A——被照面的面积，m^2；

　　　η——发光效率；

　　　K——灯具维护系数。

通过以上分析，在实施照明节能过程中，具体措施包括：

（1）合理处理好照明节能与照度水平、照明质量、装饰美观和建设投资之间的关系。

（2）合理确定照度标准。按设计规范和标准确定照度水平；控制设计照度与照明标准值的偏差等。

（3）合理选择照明方式。根据不同视觉要求，采用一般照明、分区一般照明或混合照明的方式。

（4）选择优质、高效的照明器材。如选用效率高、光通维持率高、配光曲线合理的灯具；选用高效的光源，如节能型荧光灯和 LED 光源等。

（5）严格执行有关标准规定的照明功率密度限制值。

（6）合理利用天然光。

（7）合理的照明控制与节能。采用分组控制、自动控制、智能控制等手段，按需使用照明，避免无人管理的"长明灯"，节省运行管理人力，节约电能。

8.7　能效管理系统

8.7.1　能效管理系统的定义

能源管理系统通过对建筑物整体和局部实时能耗数据的采集、监视，进行数据分类、趋势分析、指标追踪，提供报警信息并输出日报、月报、年报、统计和报表，为企业提供能源设计、运行、维护、使用的全生命周期的管理建议和方案，从而实现能效管理水平的提升。

8.7.2　能效管理系统的分类

能源管理系统依照用户不同需求和侧重点，分为本地能源管理系统和远程能源管理系统。本地能源管理系统适用于单一用户、单一建筑、单一场地的数据量相对较少的情况。此时用户更注重细节；远程能源管理系统适用于多站点，连锁企业和集团用户的海量数据接入、存储和传输的情形。远程能效管理系统又称云能效能源管理系统，是建筑远程云架构能源管理系统，以能源托管服务的形式，为用户提供基于云平台的建筑能源信息存储、展示、计算、分析。远程能源管理系统的客户更重企业内部的宏观管理。

8.7.3　能效管理系统可实现的功能

能源管理系统具体可实现的功能有：

（1）实现数据采集自动化：1）系统易于扩展，便于集团能耗数据的汇总和集中；2）数据采集自动上传，系统较少维护；3）能源消耗数据记录的准确度大幅提高，减少人为误差；4）全能源（水、气体、燃气、电、蒸汽）介质计量；5）远程能源管理与本地能源管理系统数据可实现集成和共享；6）在确保用户数据安全的前提下完成数据托管服务。

（2）提高能耗可视化水平和可追溯能力：1）通过能耗数据收集和能源管理系统分析，及时且形象地了解能耗在何时、何地、如何被使用的情况；2）存储大量的能耗数据，可随时调出系统上线以来的任意时段、任意数据点供查询与对比分析所用；3）可通过大量直观图表对能耗情况及建筑能耗 KPI（关键绩效指标）指标进行展示。

（3）能耗信息指标化：1）通过精确分项能耗计量，对各分项能耗可精细化监控；2）结合实际运营情况（营收/面积/气候变化），使得能效指标合理化；3）为企业提供考核指标和依据。

（4）实现综合能效分析：1）按照各业务功能规则处理信息；2）能耗关键绩效指标分析管理；3）能效水平评价和能源成本分析管理。

能源管理系统采用三层架构形式，从下向上分别为现场设备层、网络通信层和能源管理及控制层，现场设备层由建筑内不同子系统的各种现场设备组成，各子系统包括楼宇自控系统、智能照明系统、配电监控系统、能源计量系统等。网络通信层由各种网关组成，通过网关将现场设备的不同的通信协议转换成统一的协议，使数据可以统一接入上层网络。

图8.2为能效管理系统的结构示意图。由能耗计量装置、数据采集器、网络通信设备和管理平台构成，系统具有数据采集、数据存储、数据处理及分析、系统管理、系统运行状态监控和故障诊断功能。

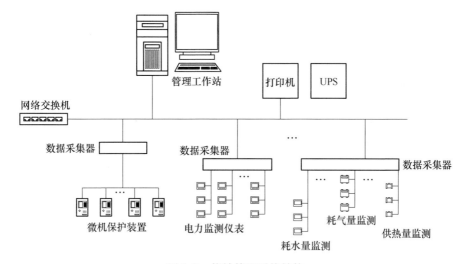

图8.2 能效管理系统结构

8.8 综合管廊电气节能分析

通过以上分析，结合综合管廊的独特性，综合管廊可采取的节能措施有：

（1）合理布局供配电系统。根据综合管廊用电设备负荷大小，合理选择供电电压等级，条件允许情况下考虑采用20kV和660V的高低压配电网络；根据综合管廊的总体走向和用电负荷的分布，确定综合管廊的监控中心位置，总变配电站和现场区域变配电所的位置及其供配电范围；综合管廊内存在大量的单相负荷，尽量保证配电系统的三相平衡，并采取相应措施提高系统的电能质量；对现场设备采用合理的无功补偿方案。

（2）合理确定低压动力配线管线及路径。从电缆载流量、线路电压降、开关线缆的保护配合、敷设环境及方式等多方面选择和校核综合管廊内的各配电回路的电缆截面；根据现场的各个区域变电所、各类动力配电箱和用电设备的位置分布，选择最优敷设路径，减少线缆长度和运行损耗。

（3）通过管廊内的建筑环境及设备控制系统等监控软件，对主要用电设备进行集中监控，监控系统程序设计时除了满足工艺及安全使用要求，还应能方便地实施有关节能措施。

（4）综合管廊内的照明节能。选择高效节能的照明产品；对灯具进行合理的配置，并进行及时的维护，充分发挥其效率；采用集中自动控制和智能控制等照明控制手段，按需照明。

（5）选用高效节能电器产品。采用节能型动力变压器，并合理地确定其负载率；采用高效能电动机及控制设备；配电箱内主要配电元件采用数字式及智能型，便于远程监控。

（6）综合管廊内的能效分析，以电能分析为主，设置综合管廊电能监测及分析系统。通过监控中心内的总变配电站和现场变配电所的各级电能监测仪表，采集电能数据并最终接入能源管理平台进行分析。

第9章 城市综合管廊电气安全

9.1 电气安全概况

电气安全关系到国民经济发展和人民生命财产安全，电气安全不仅对保障正常的生产和生活秩序具有重要意义，也对维护社会公共安全稳定有重要意义。电气安全包括人身安全和电气设备设施安全两个方面，在我国，人身遭受电击及电气火灾发生率长期居高不下。近年来，我国在电气安全工程实践中取得了长足进步，但与发达国家相比，仍有较大差距。由于电气安全是涉及到设计、施工和使用的诸多环节，具有一定的系统性和复杂性，需从多个环节提出相应的安全措施，有效降低各类电气事故次数，以保证电气系统的安全性和功能性。

城市综合管廊的电气安全，覆盖了设计、建设和运行维护等各个阶段。下面针对电气安全的几个重要环节，主要包括电击防护、雷电过电压防护和系统接地等方面，分析其有关原理和可行的防护方式，结合综合管廊实际，提出相关的防护措施。

9.2 电击防护

9.2.1 电伤和电击

电击防护从人身安全角度出发，首先分析电流流过人体的作用效应，以及采取针对性的防护措施。

当人体同时触及不同电位的导电部分时，由于存在电位差，将产生电流流过人体，此过程称之为电接触。视其电流的大小和持续时间的长短，它对人体有不同的效应。

当电流小到一定范围时，其对人体无害，可用于诊断和治疗的某些医疗设备上，通过微量电流进行治疗。这种接触称为微电接触。若通过人体电流较大，持续时间较长，电流效应可使人受到不同程度的伤害，会产生不同程度的电伤和电击等事故。为预防和避免此类安全事故，需采取相应的电击防护措施。

电伤是指电流的热效应、化学效应和机械效应等对人体外部表面造成的局部创伤，主要创伤有烧伤、电烙印、皮肤金属化和机械损伤等。

电击是电流通过人体内部，对人体内部组织造成伤害，属于生物效应，主要伤害人体的心脏、呼吸和神经系统，破坏人的正常生理活动，甚至危及生命。如当电流流过心脏时，会使心室泵作用失调，引起心室颤动，导致血液循环停止；电流流过大脑的呼吸神经中枢，会遏制呼吸并导致呼吸停止。

电伤和电击事故的程度，与接触带电体的电源情况（交流、直流等）、皮肤状况（盐水湿润、水湿润和干燥）、电流路径（手到手、双手到双脚等）、接触面积和持续时间有密切的关系。

9.2.2　电流流过人体的效应

9.2.2.1　人体阻抗

人体的阻抗值取决于许多因素，尤其是电流的路径、接触电压、电流的持续时间、频率、皮肤潮湿程度、接触的表面积、施加的压力和温度。人体阻抗包括人体内阻抗、皮肤阻抗和人体总阻抗。人体内阻抗为电阻性为主，皮肤阻抗为阻容性，人体总阻抗为人体内阻抗和皮肤阻抗的矢量和。图 9.1 给出了人体阻抗示意图。表 9.1 列出了几种情况下的人体阻抗对比。

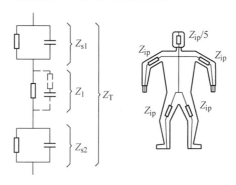

图 9.1　人体阻抗示意图

Z_{s1}，Z_{s2}—皮肤阻抗；Z_1—内阻抗；Z_{ip}——一个肢体部分阻抗

表 9.1　几种不同条件下人体总阻抗

条　件		人体总阻抗/Ω		
		被测对象 5%	被测对象 50%	被测对象 95%
接触电压 AC 100V 50/60Hz	干燥，大接触面积	990	1725	3125
	水湿润，大接触面积	975	1675	2950
	盐水润湿，大接触面积	880	1225	1655
接触电压 AC 200V 50/60Hz	干燥，大接触面积	800	1275	2050
	水湿润，中接触面积	1375	2200	3525
	盐水润湿，中接触面积	1350	2175	2935

条　件		人体总阻抗/Ω		
		被测对象 5%	被测对象 50%	被测对象 95%
接触电压 AC 100V 50/60Hz	干燥，小接触面积	23000	40000	70400
	水湿润，小接触面积	17250	30000	52800
	盐水润湿，小接触面积	4590	6200	8370

9.2.2.2　电流流过人体效应

人体对电流的反应，主要有以下几个阈值：

感知阈。为在给定条件下，电流通过人体，可引起任何感觉的最小电流值。感知电流与个体生理特征、人体与电极的接触面积等因素有关。

反应阈。为在给定条件下，电流通过人体，能引起肌肉不自觉收缩的最小电流值。反应阈平均值为 0.5mA（工频交流）。

摆脱阈。通过人体的电流超过感知电流时，肌肉收缩增加，刺痛感觉增强，感觉部位扩展，至电流增大到一定程度，接触带电体的人将因肌肉收缩、产生痉挛而紧抓带电体，不能自行摆脱电极。人接触带电体后能自主摆脱的最大电流称为摆脱阈。其取值范围针对成年男人约 10mA，适用于所有人的数值约 5mA。

心室纤维性颤动阈。电流通过人体，当引起心室纤维性颤动时，其后果是心室拒绝输送所需的氧的血液的流动，是电击致死的主要原因。能引起心室纤维性颤动的最小电流值，称为心室纤维性颤动阈，其取决于生理参数（人体条件、心脏功能状态、接触的面积和压力等）和电气参数（电流持续时间和路径、电流的特性等）。

9.2.2.3　电流流过人体时间/电流区域分析

通过 50Hz 或 60Hz 正弦交流电流时，如果电流持续时间超一个心搏周期，则纤维性颤动阈显著降低。这种效应是由于电流诱发心脏期外收缩，使心脏不协调的兴奋状态加剧而引起。

当电击的持续时间小于 0.1s、电流大于 500mA 时，纤维性颤动就有可能发生，只要电击发生在易损期内，而数安培的电流幅值，则很可能引起纤维性颤动。对于这样强度而持续的时间又超过一个心搏周期的电击，有可能导致可逆的心脏停跳。

图 9.2 为以左手到双脚的电流路径，交流 15~100Hz 的电流持续时间/流过人体电流所界定的人体电流效应的 4 个区域图，分别是 AC-1、AC-2、AC-3 和 AC-4（AC-4.1，AC-4.2，AC-4.3），各区域间的大致分界曲线为 a、b、c

（c_1，c_2，c_3）。

　　在 c_1 曲线以下，纤维性颤动不大可能发生。对处于 10~100mA 之间的短持续时间的高电平区间，被选作从 500~400mA 的递降的曲线。对持续时间长于 1s 的较低的电平区间，被选作在 1s 时的 50mA 至持续时间长于 3s 的 40mA 的递减的曲线。两电平区间用平滑的曲线连接。分别为 5% 和 50% 的纤维性颤动概率的曲线 c_2 和 c_3，曲线 c_1、c_2、c_3 适用于左手到双脚的电流路径。

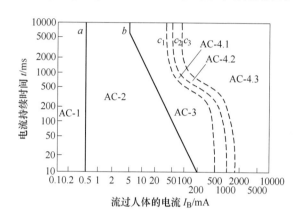

图 9.2　交流电流对人体效应时间/电流区域

　　表 9.2 为对各区域的说明。

表 9.2　交流 15~100Hz 时间/电流区域

区域	范　围	生　理　效　应
AC-1	曲线 a 的左侧	有感知的可能性，但通常没有被"吓一跳"的反应
AC-2	曲线 a 至曲线 b	有可能感知和不自主肌肉收缩但通常没有有害的电生理学效应
AC-3	曲线 b 至曲线 c	可强烈地不自主的肌肉收缩。呼吸困难。可逆性心脏功能障碍。活动抑制可能出现。随着电流幅值增加而加剧的效应。通常没有预期的器官损坏
AC-4	曲线 c_3 右侧区域	可能发生病理-生理学效应，如心搏停止、呼吸停止以及烧伤或其他细胞的破坏。心室纤维性颤动的概率随着电流幅值和时间增加。
	c_1~c_2	AC-4.1，心室纤维性颤动的概率增大到 5%
	c_2~c_3	AC-4.2，心室纤维性颤动的概率增大到约 50%
	曲线 c_3 右侧区域	AC-4.3，心室纤维性颤动的概率超过 50% 以上

　　心脏电流系数（F）。心脏电流系数可用以计算除左手到双脚的电流通路以外的电流，此电流与图 9.2 中的左手到双脚电流 I_B 同样具有引起心室纤维性颤动的危险。对于不同路径的电流，心脏电流系数见表 9.3。

表9.3 不同电流路径的心脏电流系数 F

电流路径	心脏电流系数	电流路径	心脏电流系数
左手到左脚、右脚或双脚	1.0	背脊到左手	0.7
双手到双脚	1.0	胸膛到右手	1.3
左手到右手	0.4	胸膛到左手	1.5
右手到左脚、右脚或双脚	0.8	臀部到左手、右手或双手	0.7
背脊到右手	0.3	左脚到右脚	0.04

心脏电流系数可以用来估计电流通过各种电流路径发生心室纤维颤动的危险程度。

此外，直流电流效应的情况与交流情况相类似。

通过上述电流/时间区域及人体效应分析，可以得知，采取电击防护要结合电流值和作用时间两个因素，使防护对象处于相对安全的区域。而在实际应用时，通过限定在电接触时的接触电压、接触故障时间等来进行安全防护。

9.2.2.4 接触电压

电接触时通过人体的电流 I_B 是因为施加于人体阻抗 Z_T 上的接触电压 U_T 而产生的，称为接触电流。当接触电压越大，其接触电流也相应增大。在设计电气装置时，计算 I_B 比较困难，而计算 U_T 较为方便。

IEC 有关标准中提出了在干燥和潮湿环境条件下相应的预期接触电压-通电时间的曲线 L_1 和 L_2，如图9.3所示。在电击防护计算中，求出的是预期接触电压（施加在人体、鞋袜和地面等阻抗之和上的电压），实际接触电压通常小于预期接触电压，预期接触电压为最大接触电压。

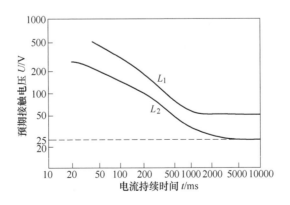

图9.3 交流电压对人体效应时间/电压区域

9.2.3　电击防护的基本防护

电击防护的基本原则是在正常条件下和单一故障下，危险的带电部分不应该是可触及的，而且可触及的可导电部分不应是危险的带电部分。

电击防护包括基本防护和故障防护两类。

基本防护也称为直接接触防护，是指对人体因各种原因直接触及带电部分的防护。基本防护的主要措施如下：

（1）带电部分的基本绝缘。这种防护措施就是将电气设备带电部分用绝缘覆盖，防止人体与带电部分的任何接触。只有在绝缘遭到破坏或年久其寿命终了时这一防护措施才失效。绝缘物质应符合在使用期间能够耐受机械、化学、电和热的影响，油漆、清漆、喷漆及类似物不能用作绝缘。

（2）遮拦或外护物（外壳）。这种防护措施是用遮拦或外护物阻隔人体与带电部分接触。遮拦和外护物应牢固牢靠，只有在使用钥匙、工具或者断开带电部分的电源时，遮拦和外护物才允许移动或打开。

遮拦只能从任一可能接近的方向来阻隔人体与带电部分的接触，外护物可以从所有方向阻隔人体与带电部分的接触。如对沿墙面敷设的低于 2.5m 裸母线安装遮拦，防止人员不经意触及。

外护物或遮拦的防护等级至少为 IP××B 或 IP2×，易触及的遮拦或外护物的顶部水平表面，防护等级应至少为 IP××D 或 IP4×。如设备外壳、导线保护管等，都属于此类防护。

（3）阻挡物。阻挡物应能防止：躯体无意地接近带电部分；正常工作中操作通电设备时，人体无意地接触带电部分。阻挡物可不用钥匙或工具即可挪动，但应能防止它被无意地挪动。

常见的阻挡物有栏杆、绳索、网屏、栅栏等。它对洞孔尺寸没有要求，只是对接近带电体的人起阻拦提醒作用，不能防范人体有意的接触。

（4）置于伸臂范围之外。可同时触及的不同电位的部分之间的距离不应在伸手可及的范围之内。如果有人站立的水平方向有防护等级低于 IP×× B 或 IP2 × 的阻挡物（例如，栏杆、网栅）所阻挡，伸臂范围应从阻挡物算起。在头的上方，伸臂范围应从地面算起。

伸臂范围如图 9.4 所示。图中 2.5m 为人体左右平伸两臂的最大水平距离，或向上伸臂后与人体所站地面 S 间的最大垂直距离；1.25m 为人体向前伸臂与所站位置间的最大水平距离；0.75m 为人体下蹲，伸臂向下弯探的最大水平距离。

上述距离都是对没有持握工具、梯子之类的长物件的人而言的。在人手通常持握大或长的物件的场所，应计及这些物件的尺寸，在此情况下所要求的距离应予以加大。

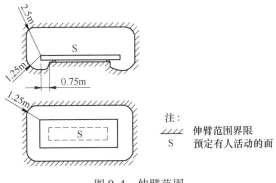

图 9.4 伸臂范围

9.2.4 电击防护的故障防护

故障防护也称为间接接触防护，是指对电气装置因绝缘损坏发生接地故障，原本不带电压的外露可导电部分因此带对地故障电压时，人体接触此故障电压而遭受的电击的防护。

电气设备按防电击分类，将电气设备的产品按防间接接触电击的不同要求分为 0、Ⅰ、Ⅱ、Ⅲ四类，见表 9.4。

表 9.4 电气设备防电击类别

电气设备防电击类别	防 护 措 施	防电击标志
0	基本绝缘	无标志
Ⅰ	基本绝缘，以及通过 PE 线连接，加自动切断电源装置	⏚
Ⅱ	基本绝缘，以及附加绝缘或加强绝缘等	▫
Ⅲ	采用特低压供电	⬨

（1）0 类设备。采用基本绝缘作为基本防护措施，而没有故障防护措施。一旦基本绝缘损坏，与危险的带电部分隔开的所有可导电部分，都变成危险的带电部分。0 类设备只能在非导电场所内或采用隔离变压器进行电气分隔保护措施使用，且对每一台设备单独地提供电气分隔。由于满足这些条件花费太大，0 类设备将逐渐面临淘汰。

（2）Ⅰ类设备。采用基本绝缘作为基本防护措施，采用保护联结作为故障防护措施。设备的外露可导电部分应接到保护联结端子上。当基本绝缘损坏，带电导体触碰到设备外露可导电部分时，经 PE 导体构成的接地故障通路，保护电器在规定时间自动切断电源。采用这种方式后，由于接触电压的降低和人体通过电流时间缩短，使发生心室纤维性颤动导致死亡的危险性大大减少，Ⅰ类设备得到了广泛的应用。

（3）Ⅱ类设备。Ⅱ类设备可触及的可导电部分、绝缘材料的可触及表面应采用双重绝缘或加强绝缘，也可采用具有等效防护作用的结构配置。由于采用了加强绝缘，Ⅱ类设备其绝缘的机械强度和耐高温水平不高，外形尺寸和用电功率都不能设计得过大，使它的应用范围受到一定的限制，目前在带塑料外壳的家电产品使用较多。

（4）Ⅲ类设备。Ⅲ类设备的防间接接触电击原理是降低设备的工作电压，根据不同环境条件采用适当的特低电压供电，当发生接地故障时或人体直接接触带电导体时，接触电压小于接触电压限值，因此被称作兼有基本防护和故障防护的设备。

Ⅲ类设备的电压，应按最高标称电压不超过交流 50V 或直流（无纹波）120V 设计。Ⅲ类设备在任何情况下都不应连接保护接地导体，但是如果需要，可以进行功能接地（区别于保护接地）。由于其额定电压规定为不大于 50V，其使用功率和使用范围受到较大的限制。

下面分析对于上述各设备故障防护的具体措施。

9.2.4.1　自动切断电源

自动切断电源作为防护措施要求：

（1）基本防护：带电部分采用基本绝缘、遮拦或外护物。

（2）故障防护：采用保护等电位联结和在故障情况下自动切断电源。

以 TN 系统为例，当 TN 系统内发生接地故障时，其故障电流通过回路的 PE 线金属通路返回电源，故障电流幅值较大。可能出现三种不同情况：一是故障处两个相接触的金属部分因为通过大幅值故障电流而熔化成团后缩回，彼此不再接触，接地故障自然消失；二是两金属部分虽然脱离接触但建立起大阻抗的电弧，相当大一部分的线路压降落在电弧上，PE 线上的压降形成的接触电压往往不足以引起电击事故，其电气危险性体现在接地电弧引燃起火；三是两金属部分熔化后相互焊牢，使故障持续存在，故障电流幅值较大，过电流保护电器动作，迅速切断电源。如果故障电流不足以使过电流保护器动作，或保护器动作不及时，PE 线上的接触电压将超过其限值，若人体触及到带电设备外露可导电部分，就有可能发生电击事故。

当建筑内发生接地故障时，TN 系统保护电器及回路的阻抗应能满足在规定的时间内自动切断电源的要求，可以用式 9.1 表示。

$$Z_s I_a \leqslant U_0 \tag{9.1}$$

式中　Z_s——故障回路的阻抗，包括相线、PEN 线、PE 线和变压器（发电机）

的阻抗，Ω；

I_a——保证保护电器在规定的时间内动作的最小电流，A；

U_0——相导体对地电压，V。

在发生故障点阻抗可忽略不计的接地故障后，故障电流 I_d 必须大于 I_a 才能使保护电器在规定时间内动作。如果 TN 系统内发生接地故障的回路故障电流较大，可利用过电流保护电器兼作故障保护。在某些情况下，如线路长、导线截面小，过电流保护器通常不能满足自动切断电源的时间要求，采用 RCD 保护更为有效。此外还可以采用局部等电位联结或辅助等电位联结来降低接触电压，从而更可靠地防止电击事故的发生。

图 9.5 是 TN 系统采用重复接地、等电位联结和局部等电位联结三种方式降低预期接触电压的比较。

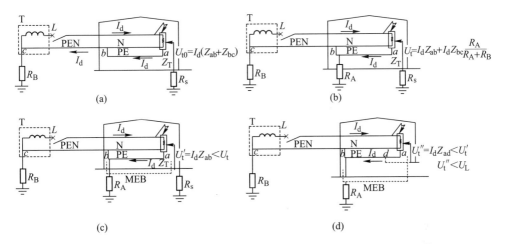

图 9.5　重复接地、等电位联结和局部等电位联结三种方式下的 U_t 比较

（a）无重复接地和等电位联结方式；（b）重复接地方式；

（c）等电位联结方式；（d）局部等电位联结方式

图 9.5（a）为 TN 系统不做重复接地时的电路图，现计算故障电流 I_d 和预期接触电压 U_{t0}。设人体阻抗为 Z_T，鞋袜和地板电阻为 R_s，变电所接地电阻为 R_B，由于 $Z_T + R_s + R_B$ 总和以若干千欧计，$Z_{PE} + Z_{PEN}$ 总和以若干毫欧计，$Z_T + R_s + R_B$ 对 $Z_{PE} + Z_{PEN}$ 的分流可忽略不计，当电气设备发生接地故障时，故障电流 I_d 经相线→设备外壳→PE 线→PEN 线返回电源侧。I_d 和 U_{t0} 计算公式为：

$$\left. \begin{array}{l} I_d = \dfrac{U_0}{Z_s} \approx \dfrac{U_0}{Z_L + Z_{PE} + Z_{PEN}} = \dfrac{U_0}{Z_{ca} + Z_{ab} + Z_{bc}} \\[2mm] U_{t0} = I_d(Z_{PE} + Z_{PEN}) = I_d(Z_{ab} + Z_{bc}) \end{array} \right\} \tag{9.2}$$

则人体接触设备带故障电压的金属外壳时，人体预期接触电压 U_t 即 I_d 在 PE

线和 PEN 线上的电压降。

图 9.5（b）为建筑内做了重复接地，接地电阻为 R_A 的电路图。R_A 与 R_B 串联后再与 Z_{PEN} 并联，即 R_A 上的电压降为 $I_d Z_{PEN} R_A / (R_A + R_B) = I_d Z_{bc} R_A / (R_A + R_B)$。人体接触设备带故障电压的金属外壳时，人体预期接触电压 U_t 计算公式：

$$U_t = I_d Z_{PE} + I_d Z_{PEN} \frac{R_A}{R_A + R_B} = I_d Z_{ab} + I_d Z_{bc} \frac{R_A}{R_A + R_B} \qquad (9.3)$$

虽然做了重复接地，降低 U_t 作用不大。

在图 9.5（c）中，建筑内做了等电位联结，电源进线处 PE 线与 MEB 连通，PEN 线上的电压降已经在等电位联结范围之外，对人体接触电压已经不产生影响，只剩下 PE 线上的压降对人体形成预期接触电压。其预期接触电压的计算公式为：

$$U'_t = I_d Z_{PE} = I_d Z_{ab} \qquad (9.4)$$

采用等电位联结和重复接地两者降低的预期接触电压分别为：

$$\left. \begin{array}{l} U_{t0} - U_t = I_d Z_{PEN} \dfrac{R_B}{R_A + R_B} = I_d Z_{cb} \dfrac{R_B}{R_A + R_B} \\[2mm] U_{t0} - U'_t = I_d Z_{PEN} = I_d Z_{cb} \end{array} \right\} \qquad (9.5)$$

若 $R_A = 10\Omega$，$R_B = 4\Omega$，则 $(U_{t0} - U'_t)/(U_{t0} - U_t) = (R_A + R_B)/U_B = 3.5$，说明做等电位联结比做重复接地的降低预期接触电压的效果更优。

通过等电位联结，预期接触电压 U'_t 虽然大幅下降，但仍可能大于 50V。必须使用开关保护电器自动切断电源来防护电击。

图 9.5（d）中，建筑内做了等电位联结 MEB 和局部等电位联结 LEB。因局部范围内产生的预期接触电压的 PE 线更短，预期接触电压 $U''_t = I_d Z_{ad}$。

通过以上分析，当 TN 系统建筑物内发生接地故障时，重复接地可在一定程度上降低 U_t，做等电位联结可更多的降低 U_t，在做局部等电位联结后 U_t 降至 U_L 以下，此三种的效果是不一样的。

9.2.4.2　采用双重绝缘或加强绝缘的防护措施

采用双重绝缘或加强绝缘作为防护措施，其基本防护是通过基本绝缘来实现，故障防护是通过附加绝缘来实现；如果带电部分和可触及部分之间采用相当于双重绝缘的加强绝缘，可以实现基本防护兼故障防护。

布线系统要达到双重绝缘或加强绝缘的要求，应同时符合以下条件：

（1）布线系统的额定电压不应小于系统的标称电压，并至少为 300/500V。

（2）基本绝缘应具有足够的机械保护，这种机械保护本身也具有绝缘作用，如电缆的非金属护套，非金属线槽、槽盒或非金属导管。

9.2.4.3 采用电气分隔的防护措施

采用电气分隔的基本防护是所有用电设备的带电部分应覆以基本绝缘或安装遮拦或外护物，也可采用双重绝缘或加强绝缘；其故障防护是采用隔离变压器供电，实现被保护回路与其他回路或地之间的分隔。电气隔离回路内带电导体不接地，设备金属外壳可与地面接触，但不能用 PE 导体接地，电气分隔电路图见图 9.6。

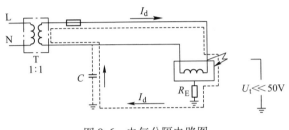

图 9.6 电气分隔电路图

当回路发生接地故障时，故障电流 I_d 没有返回电源的导体通路，只能通过设备与大地间的接触电阻、地面电阻 R_E 以及导体对大地的电容 C 返回电源，故障电流 I_d 及其产生的预期接触电压 U_t 很小，不足以引起电击事故。一般一台隔离变压器只能给单台用电设备供电。

（1）对故障防护的要求。电气隔离回路采用隔离变压器时，其二次侧输出电压不得超过 500V，且二次回路的带电导体不能与其他回路的带电部分、地以及保护接地导体相连接。为确保电气上的分隔，不同回路之间应具有基本绝缘。电气隔离回路宜与其他回路分开敷设。如果在同一线路通道内敷设，电气隔离回路应采用无金属外皮的多芯电缆、穿绝缘套管、绝缘线槽或绝缘槽盒的绝缘电线。

（2）隔离变压器。隔离变压器是指加强绝缘的双绕组或者多个绕组的变压器，其二次侧输出电压不得超过 500V。相导体对地电压不大于 250V。变压器需通过工频 3750V 电压持续 1min 的耐压试验，或在两绕组之间设置接地的屏蔽层，从而使得这种变压器不存在危险电压自一个绕组传导至另一个绕组的可能性，绕组回路导体之间也没有任何电的联系。如果没有特殊说明，这种变压器的变比通常为 1:1。

9.2.4.4 非导电场所的防护措施

对绝缘地板和墙壁要求：

（1）除所有电气设备应符合基本防护规定中的一项规定外，非导电场所内，在绝缘地板和墙上任意一点测得的电阻不应小于下值：

1）装置标称电压不超过 500V 时为 50kΩ；

2）标称电压超过 500V 时为 100kΩ。

（2）非导电场所内绝缘的地板和墙，按照如下的一种或多种方式进行处理：

1）拉开外露可导电部分和装置外可导电部分间以及不同外露可导电部分之间的距离。

如果两部分之间的距离不小于 2.5m 就满足要求；如在伸臂范围以外，这一距离可缩短到 1.25m。

2）在外露可导电部分和装置外可导电部分之间插入有效的阻挡物。

如果将越过它的距离加大到 1）所述的距离，阻挡物即足够有效。阻挡物不应与地或外露可导电部分相连接，并应尽量用绝缘材料制作。

3）在装置外可导电部分上覆盖绝缘。

在装置外可导电部分上覆盖的绝缘应具有足够的机械强度，并应能承受至少 2000V 的试验电压。正常使用情况下泄漏电流不应超过 1mA。

对可导电部分配置要求：

（1）外露可导电部分的布置应做到在正常环境下人体不会同时触及以下部分：

1）两个外露可导电部分；

2）一个外露可导电部分和一个装置外可导电部分。

（2）在非导电场所内不应有保护接地导体，并应确保装置外可导电部分不自场所外将电位引入非导电场所内。

9.2.4.5　采用 SELV 和 PELV 特低电压的防护措施

安全特低电压（safty extra-low-voltage，SELV）或 PELV（protective extra-low-voltage，PELV）系统的电压上限值，为交流 50V 或直流 120V。

SELV 特低电压。SELV 回路的带电部分与地应具有基本绝缘，当回路发生接地故障时，故障电流为线路的电容电流，其值非常小，用电设备外露可导电部分对地电压接近 0V。当 PE 线带有故障电压 U_f 时，该故障电压也不会传至 SELV 回路中。所以 SELV 作为防电击保护措施，不需要补充其他措施。

PELV 特低电压。PELV 回路和由 PELV 回路供电的设备的外露可导电部分可以接地。如果 PELV 回路接地而用电设备外露可导电部分不接地，当 PE 线带有故障电压 U_f 时，用电设备外露可导电部分对地电压为 0V。当 PE 线带有故障电压 U_f 且 PELV 回路又发生用电设备接地故障时，用电设备外露可导电部分对地电压为 U_f 与 U_{ELV} 相量和，用电设备必须布置在等电位联结有效范围内，以防止用电设备外露可导电部分对人身产生电击危险。

如果 PELV 电路用电设备外露可导电部分接地，PE 线带有故障电压 U_f 时，用电设备外露可导电部分对地电压为 U_f。如果 PE 线带有故障电压 U_f 且 PELV 回路发生用电设备接地故障，用电设备外露可导电部分对地电压为 U_f 与 $U_{ELV}/2$ 相量和，用电设备必须布置在等电位联结有效范围内，并且保护电器要切断电源，以防止用电设备外露可导电部分对人身产生电击危险。

9.2.4.6 附加防护措施

（1）剩余电流动作保护器（RCD）：

1）在交流系统内装设 $I_{\Delta n}$ 不大于 30mA 的 RCD，用以在基本保护失效时作为附加保护措施，它也可用作故障防护或用电不慎时的人身保护。

2）不能将 RCD 的装用作为唯一的保护措施，也不能为它的装用而取消其他保护措施。

（2）电弧故障保护电器（AFDD）：带电导体自身断裂或因接触不良产生的串联电弧或带电导体（相导体与相导体、相导体与中性导体）之间的并联电弧发生故障时，由于没有产生对地故障电流，因此剩余电流动作保护器（RCD）无法检测这类故障；电弧故障阻抗使故障电流低于 MCB 或熔断器的脱扣阈值，保护电器不动作。因此，剩余电流动作保护器（RCD）、熔断器或微型断路器（MCB）甚至塑壳断路器（MCCB）都不能降低电弧引起的电气火灾危险。最严重的情况是偶发电弧。

AFDD 能有效地检测串联或并联故障电弧的电流和电压波形，与给定值比较，当超过动作值时断开被保护电路。

（3）辅助等电位联结：

1）辅助等电位联结应包括可同时触及的固定式电气设备的外露可导电部分和装置外可导电部分，也包括钢筋混凝土内的主筋。

2）如果不能肯定辅助等电位联结的有效性，应判定可同时触及的外露可导电部分和装置外可导电部分之间的电阻 R 是否满足下列要求：

交流系统：　　　　　　　　　　$R \leqslant 50/I_a$

直流系统：　　　　　　　　　　$R \leqslant 120/I_a$

其中，I_a 为保护电器动作电流。

9.2.5 综合管廊电气安全分析

通对以上电气安全措施的分析，结合综合管廊的配电系统，可采取的电气安全措施分析如下：

（1）加强用电安全管理。完善综合管廊的远程监控及管理系统，在监控中心电力综合自动化系统中集中显示各回路的运行状态。双电源或双回路电源进线时，保证可靠的机械及电气联锁。加强运营维护人员的电气安全业务能力培训；

严格按照规程规范进行操作维护；防止无关人员进入综合管廊等。

（2）使用合格安全的设备、材料。各类设备材料必须具有国家级检测中心的检测合格证书（3C 认证），供电及消防产品应具有入网许可证。箱变、环网柜和高压开关柜等，选用具有五防功能的产品。照明设备严禁使用 0 类灯具。动力配电箱、检修电源箱、现场控制箱和照明灯具等，需适应综合管廊地下环境的使用要求，采用防水防潮型，防护等级不低于 IP54。狭窄空间的电气设备采用隔离变压器供电或特低电压供电方式。

（3）设置配电系统监测及保护装置。各低压配电回路采用自动切断电源的保护电器，实现过流、短路及接地故障保护，并进行灵敏度和保护范围校验。小负荷长线路等特殊场合配置剩余电流动作保护或电弧故障保护，以满足保护要求。

箱式变电站内设置环境温度控制，保证内部设备在正常温度下安全运行，各回路合理选择线缆截面，防止线缆设备过负荷长期运行；对综合管廊内的电缆接头、配电箱箱体等设置温度探测、剩余电流探测，及时发现电气安全隐患，管廊内配电箱内设置温湿度控制系统，防止电气设备在高温、低温条件下的设备故障，以及受潮结露等引起的绝缘降低。

（4）电气设备的合理布置与安装。综合管廊低压系统采用 TN-S 系统，管廊内的金属构件、电缆金属套、金属管道及电气设备金属外壳等均可靠接地，接地电阻满足相应的规范要求，实施等电位联结及局部等电位联结措施，降低接地故障发生时的接触电压。

管廊内电气设备宜集中设置，弱电及信息设备系统与其他配电系统的安装间距需满足安全要求。现场的电气设备不应安装于低洼等可能受积水浸入的地方。

电力电缆敷设于管廊自用桥架，配管出桥架时及出入管廊时做好防火封堵。消防线路的敷设应满足有关设计规范。

9.3　雷电过电压及防雷措施

9.3.1　直击雷及雷电侵入波过电压防护

在综合管廊供电系统运行中，作用于线路和设备绝缘上的电压，包括正常工频持续运行电压和来自系统外部的雷电过电压以及来自电力系统内部的操作过电压。

雷电过电压起源于电力系统外部，故称外部过电压，因其为瞬态大气放电而在系统中耦合产生，故又称为大气过电压，包括雷电直击、反击、感应过电压和雷电侵入波。雷电过电压会对电力系统造成一定的影响，为确保电气设备设施的正常运行，需对上述雷电引起的各种过电压波采取相应的防护措施。

9.3.1.1 直击雷防护

对于综合管廊雷电过电压的防护，主要针对监控中心、中心变配电站和区域变电站等建构筑物。有关防雷设计规范对上述设施的直击雷防护的规定如下：

（1）强雷区的变电站控制室和配电装置室，宜有直击雷防护装置（避雷针或避雷线）。

（2）土壤电阻率大于 1000Ω·m 地区的 110kV 配电装置、土壤电阻率大于 5000Ω·m 地区的 66kV 的配电装置和不在相邻高建筑物保护范围内的 35kV 及以下配电装置，宜装设独立避雷针。

（3）非强雷区的发电厂主厂房、主控制室和 35kV 及以下的配电装置室；已在相邻高建筑物保护范围内的建筑物或设备等，可不装设直击雷防护装置。

变电站直击雷防护措施详见表 9.5。

表 9.5 变电站直击雷防护措施

保护对象	结构型式	直击雷防护措施	
主控制室、配电装置室、35kV 及以下屋内变电站	金属结构屋顶	将屋顶金属结构接地	屋顶上金属设备外壳、电缆外皮及保护钢管等就近与屋顶金属结构、钢筋或避雷带焊接并接地
	钢筋混凝土结构	将屋顶结构钢筋焊接成网并接地	
	非导电性结构屋顶	在屋顶装设避雷带保护，避雷带网格为 8~10m，每隔 10~20m 设引下线接地；接地引下线应与主接地网连接，并在连接处加装集中接地装置	

9.3.1.2 变电站的雷电侵入波过电压防护

在 6~20kV 侧每组母线和架空进线上分别装设电站型和配电型 MOA（金属氧化物避雷器），并采用图 9.7 所示的保护接线。母线上 MOA 与主变压器的电气距离不宜大于表 9.6 所列数值。

表 9.6 MOA 至 6~20kV 主变压器最大电气距离

雷电季节经常运行的进线回路数	1	2	3	≥4
最大电气距离/m	15	20	25	30

6~20kV 架空进出线全部在厂区内且受到附近建筑物屏蔽时，可只在母线上装设 MOA。

有电缆段的架空线路，MOA 应装设在电缆头附近，其接地端应和电缆金属外层相连。如各架空进线均有电缆段，则 MOA 至主变压器的最大电气距离不受限制。

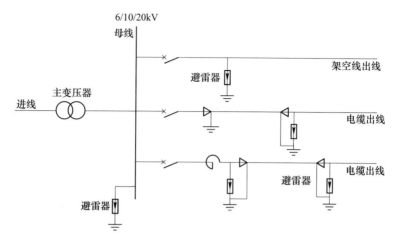

图 9.7　6~20kV 配电装置雷电侵入波保护配置

6~20kV 配电站（指站内仅有起开闭和分配电能作用的配电装置，而母线上无主变压器，俗称开闭所），当无站用变压器时，可仅在每路架空进线上装设 MOA。

9.3.1.3　中压配电系统的雷电过电压保护

向 1kV 及以下低压电气装置供电的中压配电系统，其雷电过电压保护应符合下列要求：

6~35kV 配电系统中配电变压器的高压侧应靠近变压器装设 MOA，其接地线应与变压器金属外壳连在一起接地。

6~35kV/0.4kV 的配电变压器，除在高压侧装设 MOA 外，尚宜在低压侧装设一组低压 MOA 或电涌保护器，以防止反变换波或低压侧闪电电涌击穿高压或低压侧绝缘；其接地线应与变压器金属外壳连在一起接地。

10~35kV 架空线路柱上断路器或负荷开关应装设 MOA 保护。经常断路运行而又带电的柱上断路器、负荷开关或隔离开关，应在带电侧装设 MOA，其接地线应与柱上断路器等的金属外壳连接，接地电阻不宜超过 10Ω。

9.3.2　建筑物防雷防护

根据建筑物的重要性、使用性质、雷击后果的严重性以及遭受雷击的概率大小等因素综合考虑，将建（构）筑物划分为三类不同的防雷类别，以便规定不同的雷电防护要求和措施。

建筑物遭受雷击的概率大小，用建筑物年预计雷击次数 N 来表示，一般其计算公式如式 9.6 所示。

$$N = k \times N_g \times A_e$$
$$N_g = 0.1 T_d$$
$$A_e = [LW + 2(L + W)\sqrt{H(200-H)} + \pi H(200-H)] \times 10^{-6}$$

式中 N——建筑物年预计雷击次数，次；

$\quad\quad k$——校正系数，一般情况下取1；位于河边、湖边、山坡下或山地中土壤电阻率较小处、地下水露头处、土山顶部、山谷封口等处的建筑物，以及特别潮湿的建筑物取1.5；金属屋面没有接地的砖木结构建筑物取1.7；位于山顶上或旷野的孤立建筑物取2；

$\quad\quad N_g$——建筑物所处地区雷击大地的年平均密度，次/km²；

$\quad\quad A_e$——与建筑物截收相同雷击次数的等效面积，km²；

$\quad\quad T_d$——年平均雷暴日，根据当地气象台、站资料确定，d；

$L，W，H$——分别为建筑物的长、宽、高，m（$H<100m$）。

建筑物年预计雷击次数计算结果作为确定建筑物防雷等级的主要参数。《建筑物防雷设计规范》（GB 50057）中的建筑防雷等级，N大于0.05次/a的部、省级办公建筑物和其他重要或人员密集的公共建筑物以及火灾危险场所；和N大于0.25次/a的住宅、办公楼等一般性民用建筑物或一般性工业建筑物为第二类防雷建筑物。N大于或等于0.01次/a，且小于或等于0.05次/a的部、省级办公建筑物和其他重要或人员密集的公共建筑物，以及火灾危险场所；以及N大于或等于0.05次/a，且小于或等于0.25次/a的住宅、办公楼等一般性民用建筑物或一般性工业建筑物为第三类防雷建筑物。

第一类至第三类防雷建筑的具体防雷措施，详见《建筑物防雷设计规范》（GB 50057）中的相关规定。

9.3.3 防雷防护主要设备

9.3.3.1 避雷器

避雷器是用于保护电气设备免受来自系统内、外高瞬态过电压危害并能限制及切断工频续流的一种过电压限制器件。当雷电或内部过电压波沿线路侵入时，避雷器将先于与其并联的被保护设备放电，从而限制了过电压，使被保护设备绝缘免遭损害；而后又能迅速切断续流，保证系统安全运行。因此，对避雷器的基本要求是考虑放电分散性后的伏秒特性曲线的上限值应低于被保护电气设备伏秒特性曲线的下限值，同时应具有较强的绝缘自恢复能力，以利快速切断工频续流。

按非线性电阻阀片类型，避雷器分为碳化硅阀式避雷器和金属氧化物避雷器。按构造类型，避雷器分为有间隙避雷器和无间隙避雷器。

金属氧化物避雷器的电阻片是以氧化锌 ZnO 为主要材料，掺以微量的氧化铋、氧化钴、氧化锰、氧化锑、氧化铬等添加物，经过成型、烧结、表面处理等工艺制成，具有优异的非线性伏安特性，可以取消串联火花间隙，实现避雷器无间隙、无续流（仅为微安级），且具有通流容量大（单位体积电阻片吸收能量较 SiC 电阻片大 5~10 倍）、耐重复动作能力强、保护效果好、性能稳定、抗老化能力强、适应多种特殊需要和环境条件、运行检测方便等一系列优点。因此，在《交流电气装置的过电压保护和绝缘配合设计规范》（GB/T 50064—2014）中，氧化锌无间隙金属氧化物避雷器（MOA）已全面取代了传统的碳化硅避雷器和排气式避雷器。

9.3.3.2　电涌保护器

电涌保护器（surge protective device，SPD）是一种用于带电系统中限制瞬态过电压和导引泄放电涌电流的非线性防护器件，用以保护电气或电子系统免遭雷电或操作过电压及涌流的损害。

电涌保护器按其使用的非线性元件特性的不同，分为电压开关型 SPD、限压型 SPD 和组合型 SPD；按适用于不同电磁环境的冲击试验级别，分为 I 级 SPD、II 级 SPD 和 III 级 SPD。

电涌保护器的主要参数有：最大持续工作电压 U_c 和持续工作电流 I_c、标称放电电流 I_n、冲击电流 I_{imp}、电压保护水平 U_p 等。表 9.7 给出了建筑物内 220/380V 配电系统设备绝缘耐冲击电压额定值，用以选择各级 SPD 的电压保护水平。

表 9.7　220/380V 配电系统设备绝缘耐冲击电压额定值

设备位置	电源处的设备	配电线路和最后分支线路的设备	用电设备	特殊需要保护的设备
耐冲击电压类别	IV 类	III 类	II 类	I 类
耐冲击电压额定值 U_w/kV	6	4	2.5	1.5

注：I 类—含有电子电路的设备，如计算机、有电子程序控制的设备；II 类—家用电器和类似负荷；III 类—配电盘，断路器，包括线路、母线、分支盒、开关、插座等固定装置的布线系统，以及应用于工业的设备和永久接至固定装置的固定安装的电动机等一些其他设备；IV 类—电气计量仪表、一次线过流保护设备、滤波器等。

9.3.4　综合管廊防雷措施分析

综合管廊的总变电所通常采用 35kV 及以下的户内布置型式（大多与监控中心合建）。总变电所的直击雷防护采用在屋顶装设避雷带的型式，与接地系统可靠连接。在总变电所的电源进线侧，以及各个中压出线回路的首端，分别设置金属氧化物避雷器，防止过电压侵入波对电气设备的损坏。

综合管廊地上建（构）筑物部分主要包含监控中心和现场区域变电所，防雷设施应符合《建筑物防雷设计规范》（GB 50057）中的有关规定，管廊监控中心按建筑物年预计雷击次数 N 确定其防雷等级。现场区域变电所位于管廊地下的电气设备间时，可不设防直击雷装置；若采用地面箱式变电站的型式时，应根据周围建构筑物的情况，考虑设置防直击雷装置。

管廊地下部分的配电系统可不设置直击雷防护措施，但应该在各级配电系统中设置防感应雷过电压的保护装置，通常是采用防电涌保护。

在区域变电所配电变压器的低压侧电源进线处设置Ⅱ类试验产品的电涌保护器，在管廊内的动力配电箱内设置Ⅲ类试验产品的电涌保护器。对弱电及信息系统的配电箱，采用电子信息系统专用的电涌保护器。

9.4 接地系统

9.4.1 接地系统概述

各种电气装置和供配电系统都需要取某一点的电位作为其参考电位，一般以大地的电位为零电位，为此需与大地作电气连接，以取得大地的电位，这就被称为接地。接地通常是通过在大地内埋入接地极，并引出接地线，将电气装置和供配电系统最终接入接地线，实现与大地的连接。

接地分为功能接地、保护接地，以及功能和保护兼有的接地三种。

功能接地是给配电系统提供一个参考电位并使配电系统正常运行的接地，主要有电力系统中性点接地和电子电路接地等。

保护接地是为了保证电气安全，降低电气装置外露可导电部分在故障时对地电压或接触电压，如电气装置保护接地、作业接地、防雷接地、防静电接地和阴极保护接地等。

建筑物内通常有多种接地，如电力系统接地、电气装置保护接地、电子信息设备信号电路接地、防雷接地等。如果用于不同目的的多个接地系统分开独立接地，不但受场地的限制难以实施，而且不同的地电位会带来安全隐患，不同系统接地导体间的耦合，也会引起相互干扰。因此，很有必要采用接地导体少、系统简单经济、便于维护、可靠性高且接地电阻值低的共用接地系统。

9.4.2 接地系统组成

9.4.2.1 6~20kV 系统的接地

在供配电系统中，110kV 及以上的系统为降低绝缘成本，采用中性点直接接地。6~35kV 系统根据其单相接地故障电容电流的大小，采用中性点不接地和经阻抗接地两种。

电网中单相接地电容电流由电力线路和电力设备两部分电容电流组成。综合管廊配电系统线路以电缆为主，电缆线路单相接地电容电流计算公式如下：

$$6\mathrm{kV}: \quad I_c = \frac{95 + 2.84S}{2200 + 6S} U_n l \left.\right\}$$

$$10\mathrm{kV}: \quad I_c = \frac{95 + 1.44S}{2200 + 0.23S} U_n l \left.\right\}$$
(9.7)

电缆线路单相接地电容电流还可以按下式计算：

$$I_c = 0.1 U_n l$$
(9.8)

式中　S——电缆芯线的标称截面，mm^2；

　　　U_n——线路标称电压，kV；

　　　l——线路长度，km；

　　　I_c——接地电容电流，A。

电缆线路每千米单相接地电容电流平均值见表 9.8。变电站增加的接地电容电流百分数附加值，10kV 变电站为 16%，35kV 变电站为 13%。

表 9.8　电力电缆线路单位长度接地电容电流平均值　　　　　（A/km）

电压/kV	电缆截面/mm²										
	10	16	25	35	50	70	95	120	150	185	240
10	0.46	0.52	0.62	0.69	0.77	0.90	1.00	1.10	1.30	1.40	1.60
35	—	—	—	—	—	3.70	4.10	4.40	4.80	5.20	—

35kV 系统和不直接连接发电机的 6~20kV 系统，单相接地故障电容电流不超过 10A 时，采用中性点不接地方式；当相接地故障电容电流超过 10A 时，采用中性点经阻抗接地。

电气装置的保护接地范围包括：系统接地的中性点、变压器和电气设备外壳、配电控制屏（柜、箱）等金属框架、电缆沟及电缆隧道内电缆金属支架、电缆屏蔽层及保护管及电缆桥架、防雷接地部分等。

9.4.2.2　低压系统的接地

低压配电系统的接地型式是根据系统电源点对地的关系和负荷侧电气装置外露可导电部分对地的关系来划分的。

主要的系统接地型式包括 TN 系统、TT 系统和 IT 系统。

A　TN 系统

电源端中性点直接接地，电气装置的外露可导电部分通过 PEN 导体或者 PE 导体接地。根据中性导体 N 和 PE 导体的组合情况，TN 系统分为以下三种：

TN-S 系统：整个系统全部采用单独的 PE，装置的 PE 可另外增设接地。

TN-C 系统：整个系统中 N 导体和 PE 导体合成 PEN，装置的 PEN 可另外增设接地。

TN-C-S 系统：系统的一部分导体 N 和 PE 导体合一的，装置的 PEN 或 PE 可另外增设接地。

TN-C 系统 PE 导体和 N 导体合一，经济性好。但安全性低，发生 PEN 线断线时，设备金属外壳被传导故障电压；此外 PEN 线上流过中性电流，对信息系统等产生干扰。TN-C 系统主要应用在工业企业中有专业电气人员的场合。

TN-S 系统 PE 导体正常情况不通过电流，不会对信息系统等产生干扰，能降低电击和火灾危险。

TN-C-S 系统在独立变电所与建筑之间采用 PEN 导体，进入建筑后 PE 和 N 导体分开，其安全水平与 TN-S 相当。

B　TT 系统

电源端中性点直接接地，电气装置的外露可导电部分接到在电气上独立于电源系统接地的接地极上。

TT 系统设备外壳直接接地，其防电击性能优于 TN-S，但需要装设 RCD。适用于无等电位联结的户外场所。

C　IT 系统

电源端系统所有带电部分与地隔离，或者通过足够高的阻抗接地，电气装置的外露可导电部分接地。

IT 系统发生接地故障时故障电压和故障电流小，不至于引发火灾、爆炸、电击危险，供电连续性和安全性最高。但其接地故障防护和维护管理复杂。

城市综合管廊的接地型式推荐采用 TN-S。原因主要有：（1）对综合管廊的防电击要求，为了使发生接地故障后产生较大的故障电流，使保护电器迅速动作，应采用 TN 系统；（2）为了使综合管廊内的低压配电线路不对信息系统产生干扰，采用 TN-S 系统；（3）综合管廊的火灾危险性高，具有一定的爆炸危险性，采用 TN-S 系统。

9.4.2.3　等电位联结

建筑物内的低压电气装置采用等电位联结以降低建筑物内外露可导电部分与外界可导电部分的电位差（详见本章 9.2.4 节）；避免自建筑物外经电气线路和金属管道引入的故障电压的危害；减少保护电器动作不可靠带来的危险和有利于避免外界电磁场引起的干扰，改善装置的电磁兼容性。

按等电位联结的作用可分为保护等电位联结（如防间接接触电击的等电位联结或防雷的等电位联结）和功能等电位联结（如信息系统抗电磁干扰及用于电磁兼容 EMC 的等电位联结）。按等电位联结的作用范围分为总等电位联结、辅助等电位联结和局部等电位联结。建筑物接地配置示意图见图 9.8。

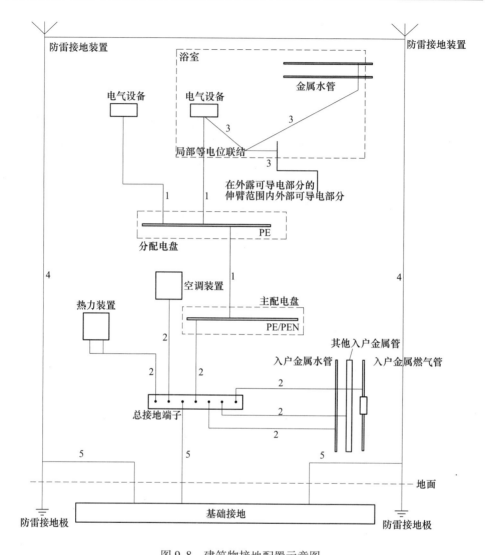

图 9.8　建筑物接地配置示意图

1—PE 导体；2—等电位联结导体；3—局部等电位联结导体；4—防雷引下线；5—接地导体

总等电位联结：在等电位联结中，将保护接地导体、总接地导体或总接地端子（或母线）、建筑物内的金属管道和可利用的建筑物金属结构等可导电部分连接在一起，称为总等电位联结。从建筑物外进入的上述可导电部分，应尽可能在靠近入户处进行等电位联结。

局部等电位联结：在建筑物内的局部范围内，可同时触及的可导电部分相互连通的联结。如配电箱或用电设备距总等电位联结端子较远，发生接地故障时，接触电压超过 50V，通过局部等电位联结进一步降低接触电压。

辅助等电位联结：在伸臂范围内有可能出现危险电位差的可同时接触的电气设备之间或电气设备与外界可导电部分（如金属管道、金属结构件）之间直接用导体作联结，称为辅助等电位联结。

9.4.3 接地电阻计算

9.4.3.1 接地极

接地系统的接地装置包括自然接地极和人工接地极。

自然接地极是指直接埋入地中或水中的自然接地体，如建（构）筑物的钢筋混凝土基础（外部包有塑料或橡胶类防水层的除外）中的钢筋，金属管道（可燃液体、气体管道除外）、电缆金属外皮、深井金属管壁等。

人工接地极包括水平敷设的接地极和垂直敷设的接地极，水平接地极可采用圆钢、扁钢；垂直接地极可采用角钢、圆钢或钢管；也可采用金属板状接地极。一般优先采用水平敷设的接地极。接地极埋入地下深度一般不小于 0.7m。

9.4.3.2 接地电阻概念

电流自接地体的周围向大地流散所遇到的全部电阻称为流散电阻。理论上为自接地体表面至无穷远处的电阻，工程上一般取为 20~40m。接地体的流散电阻与接地体至总接地端子的接地导体电阻的总和称为接地装置的接地电阻。由于在工频下接地导体电阻远小于流散电阻，通常将流散电阻作为接地电阻。

按通过接地极流入地中工频交流电流求得的接地电阻称工频接地电阻；按通过接地极流入地中冲击电流（如雷电流）求得的接地电阻称冲击接地电阻。当冲击电流从接地极流入土壤时，接地极附近形成很强的电场，将土壤击穿并产生火花，相当于增加了接地极的截面，减小了接地电阻。另一方面雷电冲击电流有高频特性，使接地极本身电抗增大；一般情况下后者影响较小，即冲击接地电阻一般小于工频接地电阻。工频接地电阻以下简称接地电阻，只在需区分冲击接地电阻（如防雷接地等）时才注明工频接地电阻。

土壤电阻率是决定接地电阻的重要参数。决定土壤电阻率的因素主要有土壤的类型、含水量、温度、溶解在土壤中的水中化合物的种类和浓度、土壤的颗粒大小以及颗粒大小的分布、密集性和压力、电晕作用等。

在高土壤电阻率的地区降低接地电阻的措施主要有：

（1）外引接地。当在发电厂、变电站 2000m 以内有较低电阻率的土壤时，可敷设外引接地极。

（2）井式或深钻式接地极。采用钻机钻孔，把钢管接地极打入井孔内，并向钢管内和井内灌满泥浆；当地下深处的土壤或水的电阻率较低时，可采用深钻式接地极来降低接地电阻值。

（3）换土法。在接地体周围 1~4m 范围内，换上比原来土壤电阻率小得多的土壤，如黏土、泥炭、黑土等，必要时也可以使用焦炭粉和碎木炭。

（4）降阻剂法。在接地极周围填充降阻剂，降低接地电阻。

9.4.3.3　接地电阻计算

（1）自然接地体的接地电阻计算：自然接地体的接地电阻计算可采用表 9.9 的简易计算公式作为估算用。

表 9.9　常见自然接地体工频接地电阻估算表

接地极	计算公式	备　注
金属管道	$R = \dfrac{2\rho}{L}$	L 在 60m 左右
钢筋混凝土基础	$R = \dfrac{0.2\rho}{\sqrt[3]{V}}$	V 在 1000m³ 左右

注：L—接地体长度，m；V—基础所包围的体积，m³；ρ—土壤电阻率，$\Omega \cdot m$。

建筑物通常有多个独立基础，这些基础的钢筋体相互连通成一体，其工频接地电阻计算采用表 9.10 所示的公式。

表 9.10　建筑物基础接地极的接地电阻

基础接地极的布置和形式	接地电阻计算公式	形状系数的数值
由 n 根桩基构成的基础接地极，由 n 根钢柱或 n 根放在杯口形基础中的钢筋混凝土构成的基础接地极，由 n 根放在钻孔中的钢筋混凝土杆构成的基础接地极；建筑物的基底面积为 A，用 C_1 表示其特征，其值为 $C_1 = n/A$		当 $C_1 = (2.5 \sim 6) \times 10^{-2} \left(\dfrac{1}{m^2}\right)$ 时，$K_1 = 1.4$，K_2 通过查形状系数曲线得出
由 n 个加钢筋的块状基础或 n 个有底板钢筋的杯口基础组成；第 n 个基础的平面积为 A_n，整个建筑物的基底平面积为 A，用 C_2 表示其特征，其值为 $C_2 = \dfrac{\sum\limits_1^n A_n}{A}$	$R = K_1 K_2 \dfrac{\rho}{L_1}$	当 $C_2 = 0.15 \sim 0.4$ 时，$K_1 = 1.5$，K_2 通过查形状系数曲线得出
由 m 个任意几何形状的钢筋混凝土基础组成的基础接地极；这些基础（第 m 个基础的平面积为 A_m）任意布置在综合建筑群所占的基底平面积 A_K 之内，用 C_3 表示其特征，其值为 $C_3 = \dfrac{\sum\limits_1^m A_m}{A_K}$		K_1，K_2 通过查形状系数曲线得出

图 9.9 为形状系数 K_1 的曲线，图 9.10 为形状系数 K_2 的曲线。

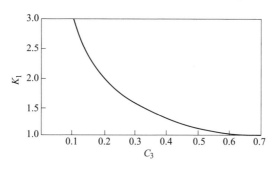

图 9.9　形状系数 K_1

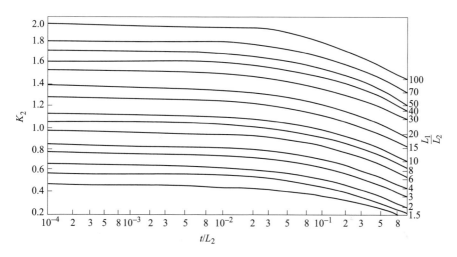

图 9.10　形状系数 K_2

L_1，L_2—钢筋体长、短边边长，m；t—基础深度，m

（2）人工接地极的接地电阻计算：均匀土壤中不同形状水平接地极接地电阻计算公式如式 9.9 所示。

$$R_h = \frac{\rho}{2\pi L}\left(\ln\frac{L^2}{hd} + A\right) \tag{9.9}$$

式中　R_h——水平接地极的接地电阻，Ω；

L——水平接地极的总长度，m；

h——水平接地极的埋设深度，m；

d——水平接地极的直径或等效直径，m；

A——水平接地极的形状系数。其中接地极采用扁钢，A 值取 -0.6，角钢取 -0.18，圆钢取 0.48。

均匀土壤中主边缘闭合的复合接地网的接地电阻计算公式如式 9.10 所示。

$$
\left.\begin{aligned}
&R_n = \alpha_1 R_e \\
&\alpha_1 = \left(3\ln\frac{L_0}{\sqrt{S}} - 0.2\right)\frac{\sqrt{S}}{L_0} \\
&R_e = 0.213\frac{\rho}{\sqrt{S}}(1 + B) + \frac{\rho}{2\pi L}\left(\ln\frac{S}{9hd} - 5B\right) \\
&B = \frac{1}{1 + 4.6\dfrac{h}{\sqrt{S}}}
\end{aligned}\right\}
\tag{9.10}
$$

式中　R_n——任意形状边缘闭合接地网的接地电阻，Ω；

　　　R_e——等值方形接地网的接地电阻，Ω；

　　　S——接地网的总面积，m^2；

　　　L——水平接地极的总长度，m；

　　　h——水平接地极的埋设深度，m；

　　　d——水平接地极的直径或等效直径，m；

　　　L_0——接地网外缘边线总长度，m。

从上式看出，接地电阻计算公式较为复杂，对均匀土壤中不同形状水平接地极接地电阻，也可采用较为简化的计算公式，详见表 9.11。

表 9.11　均匀土壤人工接地极的接地电阻简易计算公式

接地极型式	简易计算公式	备　注
垂直式	$R \approx 0.3\rho$	垂直式长度为 3m 左右的接地线
单根水平式	$R \approx 0.03\rho$	单根水平式长度为 60m 左右的接地线
复合式接地网	$R \approx 0.5\dfrac{\rho}{\sqrt{S}} = 0.28\dfrac{\rho}{r}$ 或 $R \approx \dfrac{\sqrt{\pi}}{4} \times \dfrac{\rho}{\sqrt{S}} + \dfrac{\rho}{L} = \dfrac{\rho}{4r} + \dfrac{\rho}{L}$	S 为大于 100m² 的闭合接地网的面积（m²）；r 为与接地网面积等值的圆的半径（m）；ρ 为土壤电阻率（$\Omega \cdot m$）

9.4.4　特殊接地系统

除了供配电系统的高压接地系统和低压接地系统，在某些场合对接地系统也有特殊的要求，主要有电子设备的接地系统、防静电接地系统和阴极保护接地系统等。

9.4.4.1　电子设备的接地系统

综合管廊监控中心内设置了大量的电子计算机和控制设备，为了避免有害电磁场的干扰，使电子设备稳定可靠地工作，需设置电子设备接地系统。

电子设备接地的类型包括信号电路接地、电源接地、保护接地和屏蔽接地等。

电子设备应进行等电位联结。电子设备通常通过等电位联结网络实施接地。主要的等电位联结网络有联结环形的等电位联结网、共用网状联结网、星形网状联结网等。

接地系统其接地导体长度 $L = \lambda/4$ 及 $\lambda/4$ 的奇数倍的情况应避开。因为在上述情况下其阻抗为无穷大，相当于一根天线，可接收或辐射干扰信号。上述接地应采用与其他系统共用一套接地系统，接地电阻按其最小值确定。

9.4.4.2　防静电接地系统

静电是固、液、气态物质在摩擦、破裂、喷射和骤然分解时的一种物理化学进程的反应，可能产生较高的电位而发生静电放电。人体与物体间的放电可引起不同程度的电击感觉。导体或非导体间的放电火花可能点燃易燃易爆物造成事故。

为了防止静电放电的危害，采取的主要措施包括：减少静电荷产生；消除静电电荷、改善带电体周围环境条件和静电接地等。

在综合管廊内的可燃气体管道和监控中心等场合，应考虑设置防静电措施和防静电接地系统。

9.4.4.3　阴极保护接地系统

金属腐蚀会使得大量金属设备及材料损坏、报废，造成巨大的经济损失，有时甚至会酿成灾难性的事故。阴极保护属于电化学保护，是指在金属表面上通入足够的阴极电流，使阳极溶解速度减小，从而防止腐蚀。阴极保护又可分为牺牲阳极保护和外加电流阴极保护。

牺牲阳极阴极保护。牺牲阳极阴极保护是将更活跃的金属（阳极）与被保护金属作电气连接，并处于同一电解质中，使该金属上的电子转移到被保护金属上去，以其被腐蚀作代价，使整个被保护金属处不受腐蚀。

外加电流阴极保护。外加电流阴极保护是通过外加直流电源以及辅助阳极，给被保护金属补充大量的电子，使被保护金属整体处于电子过剩的状态，使金属表面各点达到同一负电位，使被保护金属结构电位低于周围环境。

图 9.11 中给出了两种保护的原理图。

在综合管廊的管道腐蚀较重的场合，可考虑设置阴极保护接地系统。

9.4.5　综合管廊的接地系统

前面分析了综合管廊的接地型式，采用 TN-S 系统。需设置 1 套可靠的接地

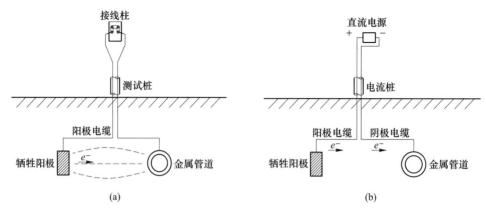

图 9.11 阴极保护原理图

（a）牺牲阳极阴极保护；（b）外加电流阴极保护

系统，满足设备工作、人员安全的要求，并设置等电位联结系统。

综合管廊内的电气系统工作接地、保护接地、监控与报警系统弱电接地共用接地系统，综合接地电阻不大于 1Ω。当实测接地电阻不满足要求时，应利用综合管廊外壁预埋接地连接板增设人工接地极，接地连接板每 100m 设置一块。

图 9.12 是综合管廊典型接地平面示意图。

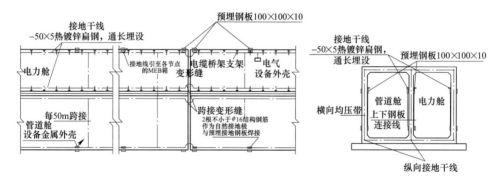

图 9.12 综合管廊接地平面示意图

主接地网利用综合管廊的主钢筋作为自然接地极，用于接地的主钢筋应满足以下条件：

（1）用于接地的主钢筋应采用焊接，保证电气通路。钢筋连接长度不小于 6 倍主钢筋直径，双面焊接。钢筋交叉连接处采用 $\phi12$ 的圆钢或钢筋搭接，搭接长度不小于其中较大截面钢筋直径的 6 倍，双面焊接。

（2）纵向钢筋接地干线设置于板壁交叉处，每处选取两根不小于 $\phi16$ 的通长主钢筋。横向钢筋接地均压带纵向每隔 5m 设置，在变形缝附近需补充设置，需与纵向钢筋接地线可靠焊接。

综合管廊内所有电气设备外露可导电部分的金属外壳、电缆桥架、支架、风机外壳及基础、金属保护管、预埋管件等，均与接地干线可靠焊接，焊接处做防腐处理。等电位联结箱内等电位板采用紫铜板，总等电位连接线不小于16mm²。前面分析了综合管廊的接地型式，采用TN-S系统，其专用接地线PE导体的截面，应符合表9.12的规定。

表9.12 保护导体截面要求

相导体截面 S/mm^2	保护导体截面/mm^2
≤16	S
16<S≤35	16
≥35	$S/2$

管廊内的吊装口、通风口和人员出入口等设备夹层设置等电位联结箱，并通过2根-50×5热镀锌扁钢与管廊内接地干线可靠焊接。每个防火分区设置2个接地测试点，由预埋连接板引出。

现场配电单元的进线侧，以及各信息系统的信号箱引入端等设置防浪涌保护装置。

含燃气管道的舱室接地系统，除了满足上述规定，还应该满足《爆炸危险环境电力装置设计规范》（GB 50058）的有关规定，并增设燃气管道的防静电接地，主要措施包括：管道在分叉处应进行接地；长距离无分支管道应每隔100m接地一次；平行管道净距小于100mm时，应每隔20m加跨接线；当管道交叉净距小于100mm时，应加跨接线。接地支线采用φ10圆钢，跨接线采用6mm²铜芯软绞线。监控中心内一般采用接地的导静电地板。当其与大地之间的电阻在$10^6\Omega$以下时，则可防止静电危害。

通过上述接地系统和等电位联结，能够使综合管廊内的跨步电压和预期接触电压值在安全范围内；保证人身安全和电气设备设施的正常运行。

第 10 章 城市综合管廊
电气自动化工程设计

10.1 设计内容要点

电气自动化工程根据实施对象的不同，分为工业项目和民用项目的电气自动化工程两个大类；根据设计阶段的不同，又分为可行性研究阶段、初步设计阶段和施工图设计阶段等几个阶段，每个阶段的重点和深度各有侧重。综合管廊属于民用建筑类的市政公共设施，综合管廊的电气自动化工程设计，参照民用建筑的惯用划分，总体上将其分为电气设计（强电部分）和自动化（弱电部分）设计两个部分。

电气设计部分包括供电系统、配电系统、照明系统和电气节能与安全设施等方面的内容。自动化部分主要指前文所述的监控与报警系统，主要包括环境与设备监控、安防、火灾报警、通信对讲和统一管理平台，以及监控中心配置等。

10.1.1 综合管廊电气设计要点

综合管廊的电气设计，按照民用建筑电气设计程序，结合综合管廊的特点来开展，其基本步骤及设计要点如下：

（1）资料收集及分析。根据各个专业提供的资料，分析综合管廊的基本情况，包括地理位置、长度和规模等；分析综合管廊断面布置情况，包括综合管廊的类型、容纳管线、舱室等；分析功能节点的类型、数量等。此外还要搜集综合管廊项目就近的电源情况，包括电压等级、剩余容量和距离关系等。

（2）确定负荷等级及负荷计算。综合管廊的用电设备，一方面是由其他专业提供，如给排水专业提供的排水泵、消防用电负荷，暖通专业提供的风机、阀门等用电负荷；另一方面是本专业计算或估算得到的照明负荷、消防电气负荷和自动化系统的负荷。

综合管廊内负荷等级的划分，严格按照有关设计规范确定。相关的设计规范包括《供配电系统设计规范》（GB 50052）、《城市综合管廊工程技术规范》（GB 50838）、《民用建筑电气设计规范》（JGJ 16）等。

负荷计算是电气设计的重要依据，在不同的设计阶段采用相应的计算方法进行估算或详细计算。主要的计算方法有单位指标法、单位面积法等估算法；需要系数法、利用系数法等详细计算法。

综合管廊的负荷计算以一个防火分区或一个基本配电单元为单位进行统计，分别求出该单元的计算结果：P_{js}、Q_{js} 和 $\cos\varphi$ 等；在确定了区域变电所的供电范围后，还应将供电范围内的计算结果进行汇总，求出该区域内的 $\sum P_{js1}$、$\sum Q_{js1}$、S_{js1} 和 $\cos\varphi_1$ 以及无功补偿量和变压器损耗等；最后计算综合管廊总的 $\sum P_{js}$、$\sum Q_{js}$、S_{js}、$\cos\varphi$ 和无功补偿量。

（3）确定供电方案。根据综合管廊的规模、就近电源的情况和负荷情况，确定供电电压等级。大中型的综合管廊采用 10kV 或更高的电压等级进线电源，其供电范围可达几公里至几十公里，通常采用设置 1 座总配电站和若干现场区域变电所的方式。在确定了供电电源后，需确定现场区域变电所的位置及数量。现场区域变电所供电范围以基本配电单元为单位，严格控制低压配电的供电半径，保证电能质量。

综合管廊供电主结线方案需根据设计规范采取相应的形式，以满足各级负荷的用电需求。比如采用双回路高压电源进线，互为备用，每一回路能够承担 100% 的二级及一级负荷。

接下来是对总配电站进行电气配置，确定各类设备的合理布置，配置线路和设备的微机保护、二次监测保护和电能计量装置等。

（4）确定低压配电方案。综合管廊现场区域变电所的低压配电完成对现场各基本配电单元的各类用电设备配电。在低压配电方案中确定每个低压配电单元内的配电箱的类型和数量，从而确定现场区域变电所的出线回路数及其接线方式；确定现场区域变电所的无功补偿方式及容量。最后确定现场区域变电所的布置形式，以及各类管线的进出线方式。

（5）动力及照明配线。动力配线首先要确定综合管廊的各类功能节点，以及管廊内部的各个电气设备设置位置、安装方式；还要确定各类管线敷设方式等。

照明配线根据设计照度值和控制方式，确定各类灯具的布灯方式、控制方式和线缆敷设等。

（6）确定防雷接地安全方案。对地表的建筑根据情况设置直击雷防护；为防止雷电过电压波侵入，确定各级避雷器的规格形式及设置位置。对综合管廊各类接地系统进行统一考虑，满足各类系统和设备的工作接地、保护接地、防雷接地等要求。

针对综合管廊内的环境特征和用电特点，采取相应的电气安全措施，保证人身和设备的安全。

在供电、配电、布线和电气设备选择等多个环节注重电气节能，采取有效的措施实现电能的高效利用和管理。

10.1.2　综合管廊自动化设计要点

综合管廊自动化监控与报警系统设计的基本步骤及设计要点如下：

（1）子系统的构成。根据《城市综合管廊工程技术规范》（GB 50838）和《城镇综合管廊监控与报警系统工程技术标准》（GB/T 52174）等规范要求，根据综合管廊的具体情况，选择配置相应的子系统，包括环境与设备监控子系统、安全防范子系统、火灾自动报警子系统、通信子系统和可燃气体探测报警子系统等。

此外，设有火灾自动报警子系统的综合管廊，结合《火灾自动报警系统设计规范》（GB 50116），设置电气火灾监控子系统、防火门监控子系统和消防电源监控子系统等。

（2）系统总体架构与配置。整个自动化监控与报警系统是由多源信息和异构设备组成的集成系统，采用分级分布式的网络型式，其网络架构较为复杂。实现网络拓扑架构的方式也较多，要根据综合管廊的具体情况，采用技术成熟可靠的方案，整个系统结构体系需紧凑合理，稳定性、兼容性和拓展性强。

监控中心中央层的系统采用统一管理平台，对各个不同的子系统整合到一起，使用统一的信息网络及信息平台。系统的配置包括操作系统、数据库、服务器和平台应用程序，以及系统安全、网络管理、信息通信接入等程序，此外还需配置大屏幕显示装置和不间断电源设备等。对监控中心内的每个子系统的监控操作站进行配置，包括监控计算机、交换机等。

（3）子系统的配置。在现场控制层对现场区域进行合理分区，确定每个分区内的各子系统和各类设备配置，主要包括对现场数据采集及处理器 ACU、工业交换机、通信网络和控制系统电源等的配置。设备层的各类设备，根据不同子系统分别进行配置。

（4）平面布置。根据各子系统设备设置及安装要求，给出设备布置、线缆敷设以及设备材料清单等。

10.2　工程设计实例分析

10.2.1　综合管廊工程概况

下面以滇中新区空港大道中段综合管廊工程为例，分析其电气自动化系统。

滇中新区空港大道中段综合管廊工程，沿空港大道敷设，本综合管廊工程起点与空港大道南段规划综合管廊相接，终点与在建另一综合管廊相接，全长约7.6km。其中 K0 + 000-K0 + 511.94 段、K1 + 128.014-K3 + 229.914 段、K3 + 310.028-K7+388.533 段综合管廊布置于道路南侧主辅分隔带下，距离道路中心线 17.75m；K0+511.94-K1+128.014 段综合管廊布置于道路南侧红线外 12m 处；

K3+229.914-K3+310.028 段，空港大道下穿东南绕城高速公路，综合管廊敷设于道路南侧红线外 10m 处。空港大道综合管廊在 K7+388.533 处与另一综合管廊相交，管廊相交后顺延至 K7+528.961 处。其平面图如图 10.1 所示。

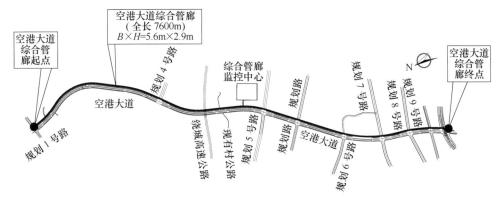

图 10.1 综合管廊平面示意图

空港大道综合管廊为双舱室断面，净空尺寸为 5.6m×2.9m，沿线收纳给水管、再生水管、电信（多孔）、电力（多回路、多等级）等管线。该综合管廊电力管线单独纳入一舱；给水、再生水、通信管线纳入一舱。电力舱内布置有110kV、10kV 电力电缆，舱室净尺寸为 2.4m×2.9m；管道舱内布置给水、中水及通信线缆，舱室净尺寸为 3.2m×2.9m。

本管廊设置了进风井（兼吊装口）、出风井（人员逃生口）、管线分支口、交叉井、端部井等。

（1）排风口（人员逃生口）：本项目每隔 100~200m 设置一个防火分区，每个防火分区为一个设计单元。每个设计单元设置一处机械通风口，分别位于每个设计单元的两端。每个分区间以防火墙配甲级防火门隔断，在防火门两侧共同沟顶板上开孔，预埋风管，风管上设排烟风机强制排风。

（2）吊装口（兼进风口）：在每个设计单元中间均设置一个投料口或一个自然通风口，投料口净空尺寸为 6.0m×1.4m。投料口采用预制盖板覆盖，投料时开启。进风口处设置百叶窗进风，并设钢爬梯利于检修。

（3）管线分支口：本次设计给水管和电力、电线均需设置接出口，给水管根据规划在路口考虑从顶板接出，预埋管同口径钢管穿过防水套管，钢管两侧用钢制堵板封堵；电信、电力设计根据规划在路口考虑了管线的集中接入，设置了管线接入井。在一般路段每 200~250m 左右设置管线分支口，以便今后根据用户需要接入支管。

（4）人员出入口：为利于综合管廊人员日常维护和进出，综合管廊每隔约1500m 设置一处人员出入口。人员出入口布置于非机动车道绿化带下，采用通道与综合管廊主体相连接。考虑到通道与雨水管道的交叉，通道覆土 2.5m。

　　（5）交叉井：滇中新区空港大道中段（文林路至机场北高速）综合管廊沿线共设置有 4 座交叉井，其中空港大道综合管廊与哨关路综合管廊相交为"双舱-双舱交叉井"；空港大道与"规划 5 号路""规划哨关北路""规划 7 号路"综合管廊相交，设置"双舱-单舱交叉井"。

　　（6）端部出线井：综合管廊末端设置端部出线井一座。

10.2.2　综合管廊工程的供配电系统

10.2.2.1　供配电系统

　　综合管廊根据防火要求，现场划分为 44 个防火分区，相邻防火分区用防火墙和防火门分隔。每个防火分区设置 1 个基本配电单元，一个现场区域变电所的供电半径约 400m，共包括 4 个基本配电单元，其中靠近监控中心的几个基本配电单元由监控中心低压配电系统提供电源。综合管廊现场需要设置 10 个现场区域变电所。现场区域变电所的设置示意图见图 10.2。

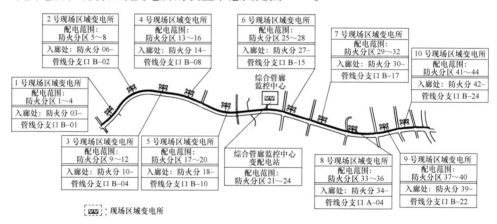

图 10.2　综合管廊现场区域变电所设置

　　根据第 2 章的负荷计算方法，得出每个基本配电单元的 $P_{js} = 43.55kW$，$Q_{js} = 17.01kVA$；每个现场区域变电所的 $P_{js} = 175kW$，$Q_{js} = 48kVA$，每个区域变电所内设置 2×200kVA 配电变压器。

　　在确定了现场区域变电所位置及数量后，就可以得到整个供电系统主接线方式。图 10.3 为综合管廊 10kV 供配电系统的接线方式。

　　供电系统的 10kV 中心配电站位于监控中心内，主接线方式为单母线分断，双回路电缆进线，每段母线上变压器出线回路共 5 回，备用 1 回，无功补偿 1 回，母联 1 回，PT 及计量 1 回，两段母线出线回路共 10 回。10kV 单线系统图详见图 10.4。

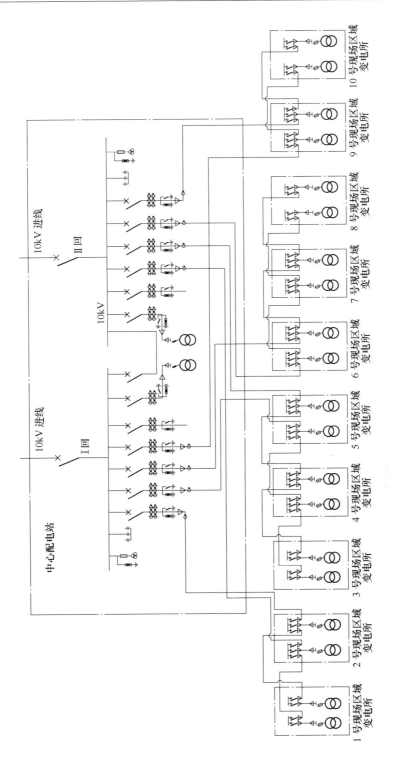

图 10.3 综合管廊主接线图

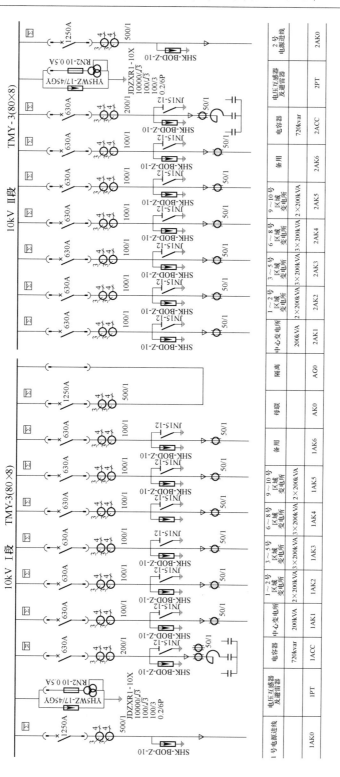

图 10.4　中心配电站 10kV 系统图

中心配电站内设置 1 套微机综合保护系统，也称为综合自动化系统，主要实现电能监控、微机保护和通信管理等功能。整体结构采用集中式，结构紧凑、便于操作维护。每台 10kV 开关柜分散安装微机保护装置，在监控中心内设置监控管理机。监控保护的操作电源采用直流电源系统。

中心配电站的监控网络结构如图 10.5 所示。

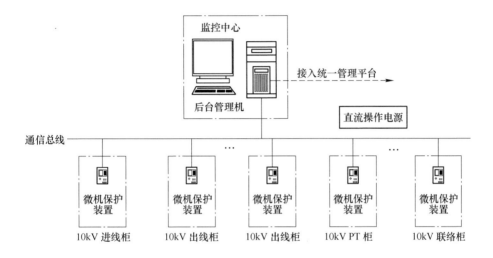

图 10.5   中心配电站微机保护网络图

中心配电站微机保护配置如下：10kV 进线柜和 10kV 电容器出线柜设置电流速断、过流、过电压、低电压和单相接地等保护；10kV 变压器出线柜设置电流速断、过流和单相接地等保护；10kV PT 及计量柜设置过电压、低电压和单相接地等保护。

直流电源系统图如图 10.6 所示，含充电装置、逆变装置、蓄电池组及配电控制装置等。

中心配电站至现场区域变电站采用链式供电，每个区域变电所的 2 回电源进线分别来自中心配电站的不同母线段。图 10.7 为现场区域变电所的接线方式。

基本配电单元内的动力配电系统，由普通动力配电箱+AP 和二级负荷配电箱+APX 分别完成动力配电，如图 10.8 所示。

基本配电单元内的照明系统，由普通照明箱+AL 和应急疏散照明箱+ALE 分别完成照明配电，如图 10.9 所示。普通照明控制方式可采用现场控制和环境与设备监控系统集中控制，此外还参与火灾自动报警系统及安全防范系统的联动控制。

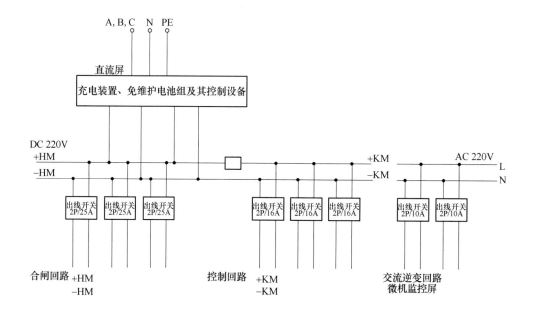

图 10.6 直流屏系统图

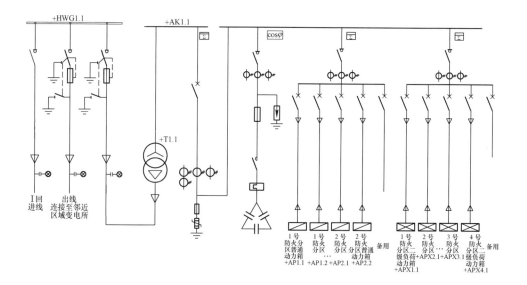

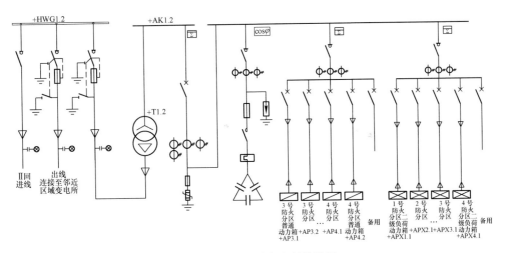

图 10.7 现场区域变电所接线图

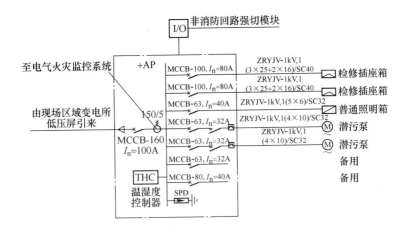

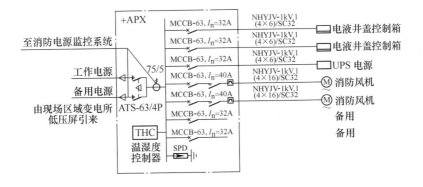

图 10.8 基本配电单元单线系统图

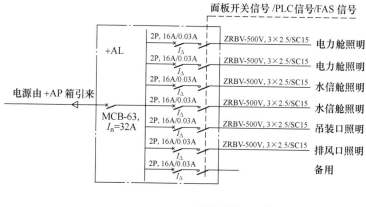

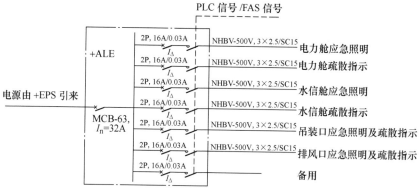

图 10.9 基本配电单元照明系统图

10.2.2.2 电气平面布置

综合管廊的中心配电站位于监控中心一层平面，中心配电站包括 10kV 配电室、10kV 电容器室和低压配电室等几部分，10kV 配电室内设 10kV 开关柜共 20 台，低压配电室内设 2 台配电变压器、10 台低压配电屏和 1 套直流屏等，详见图 10.10。

10kV 配电室采用双排面对面布置型式，开关柜采用 KYN28-12 型，预留 2 个备用柜位置，10kV 电容器柜单独安装电容器室内，低压配电室和 10kV 配电屏的直流操作电源屏设置在同一个房间内。低压配电室的配电范围，除了监控中心外，还负责 21~24 号防火分区内各基本配电单元。直流屏由充电装置、免维护电池组及其控制设备组成。

综合管廊现场区域变电所采用箱式变电站型式。由于供电系统都是采用双回路电源进线，双干式变压器的方式，箱式变电站的布置图如图 10.11 所示。

综合管廊内部电气平面图主要对管廊段和各功能节点电气设备及布线方式进

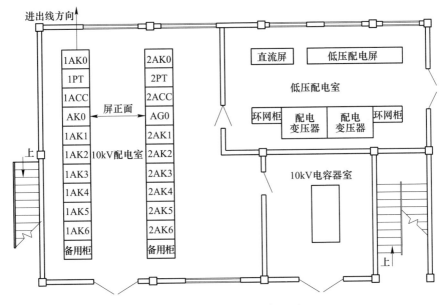

图 10.10　中心配电站布置图

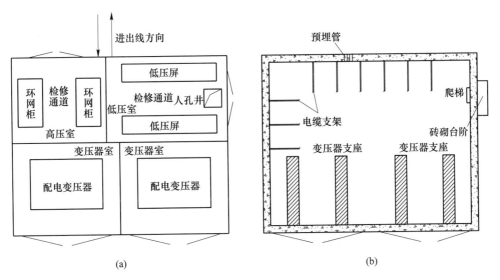

(a)　　　　　　　　　　　　　　　　(b)

图 10.11　现场区域变电所布置图

（a）平面布置图；（b）基础平面图

行设计。图 10.12~图 10.17 分别给出了综合管廊内部典型场所的电气平面图。
图 10.12 为排风口动力配线平面图。排风口位于两个防火分区分界处，低压电源
由每侧 -3.700m 平面引入，在排风口内每侧各设二级负荷配电箱 1 台。

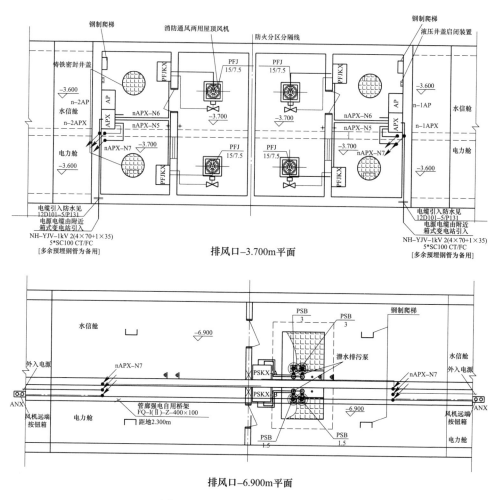

排风口-3.700m平面

排风口-6.900m平面

图 10.12　排风口动力配线平面图

　　图 10.13 为管线分支口动力配线平面图。管线分支口内负荷所需电源由就近相应的动力箱引来。

　　图 10.14 为吊装口动力配线平面图。低压电源由-3.600m 平面引入，设普通动力箱 1 台。

　　人员出入口其内部动力平面图如图 10.15 所示。人员出入口内负荷所需电源由就近相应的动力箱引来。

　　以排风口为例，其内部照明平面图如图 10.16 所示。在排风口-3.700m 平面两侧设照明配电箱。

　　综合管廊内部管廊段的照明平面图如图 10.17 所示。

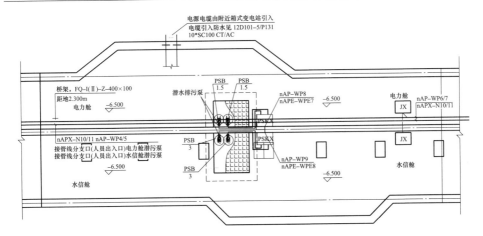

管线分支口-6.500m平面

图 10.13 管线分支口动力配线平面图

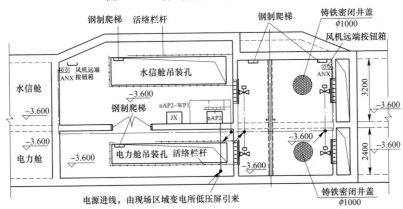

吊装口-3.600m平面

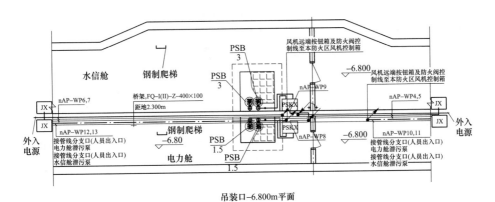

吊装口-6.800m平面

图 10.14 吊装口动力配线平面图

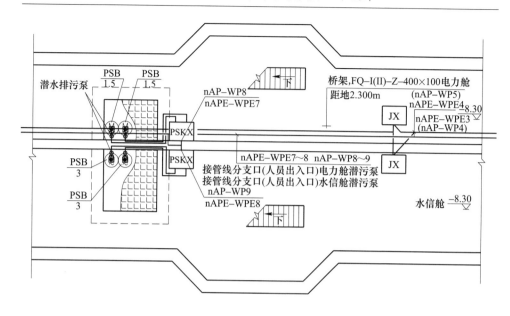

人员出入口−8.30m平面

图 10.15　人员出入口动力配线平面图

10.2.3　综合管廊工程的监控与报警系统

监控中心位于综合管廊中部与规划 5 号路交叉口，里程标号 K4+280。监控中心与中心配电站合建，监控中心位于建筑物二层，其布置图见图 10.18。

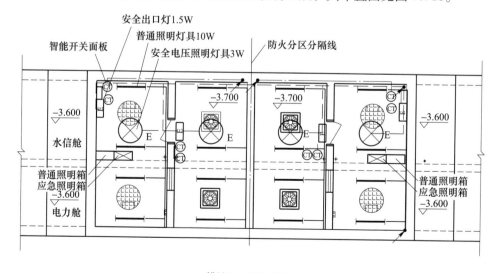

排风口−3.700m平面

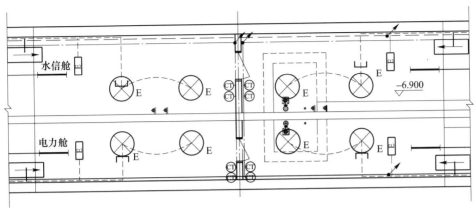

排风口-6.900m平面

图 10.16 排风口照明平面图

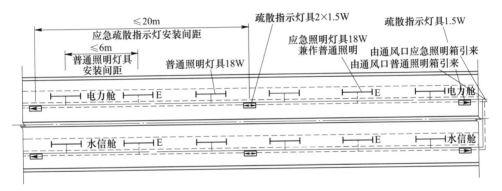

图 10.17 管廊段照明配线平面图

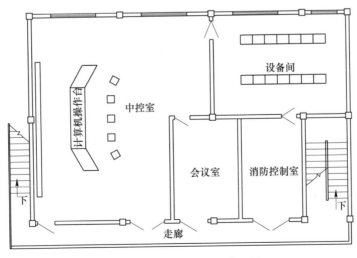

图 10.18 监控中心平面布置图

　　监控中心的用电负荷大部分是监控与报警系统的负荷，其负荷等级为二级，为保证可靠性及电能质量，采用 UPS 集中供电系统。图 10.19 为 UPS 系统图。

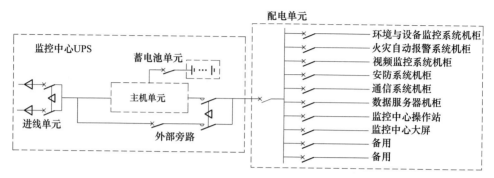

图 10.19　监控中心 UPS 系统图

　　本综合管廊监控与报警系统设置了火灾自动报警子系统、环境与设备监控子系统、安全防范子系统、视频监控子系统和通信子系统等，其整体接线方式如图 10.20 所示，现场区域设置数个子站，通过环网结构接入监控中心。

　　图 10.21 和图 10.22 以功能节点为例，给出节点设备安装大样图。图 10.21 中为排风口火灾自动报警系统平面图，排风口两侧各防火分区内的各类探测器、报警器和模块等，通过相应的连接总线，接入本防火分区内的接线端子箱，最终接入火灾报警控制器。在 −6.900m 平面为综合管廊的管线区，内部设置了相应的火灾自动灭火装置，在图中给出了各类装置的设置数量、安装位置和接线关系等。

　　图 10.22 和图 10.23 分别为吊装口和人员出入口的安防及视频监控平面图，区域内每个现场设备接入就近的分系统，最终通过光纤通信进入各自的平台服务器。

　　由于综合管廊监控与报警系统设备较多，若采用将其全部绘制在管廊平面图上的方式，其表述较为繁杂。为了较为清晰地反映设备安装及设置情况，设计时可考虑采用以下方式：通过大样图给出管廊段和各节点内的设备详细安装方式，再通过设备设置表格清单反映出各区间各节点的具体设备，如图 10.24 所示。

　　综合管廊监控与报警系统现场设备配电情况，宜与供配电及照明配电方向保持一致。每个区段设置的监控柜 UPS 负责区域内各子系统设备供电；火灾自动报警控制器等除了提供正常工作电源外，应自带蓄电池，其容量满足有关设计规范要求。

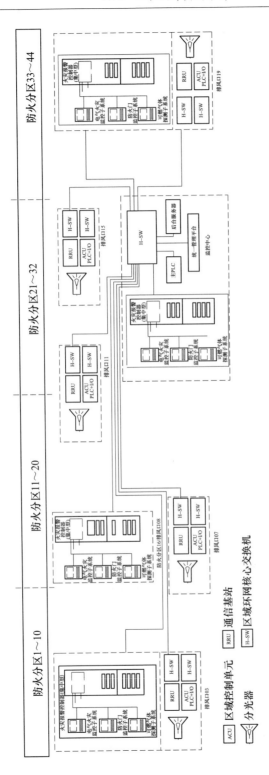

图 10.20　监控与报警系统整体接线方式

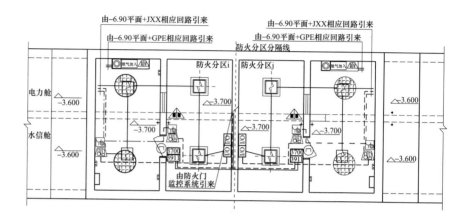

−3.700m平面

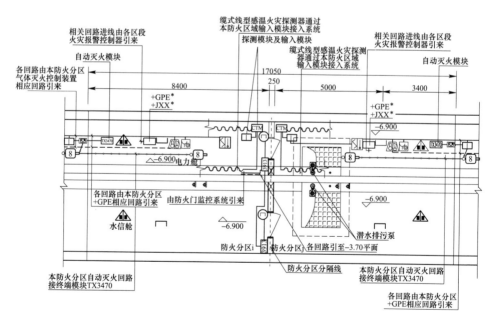

−6.900m平面

图 10.21　排风口火灾自动报警系统大样图

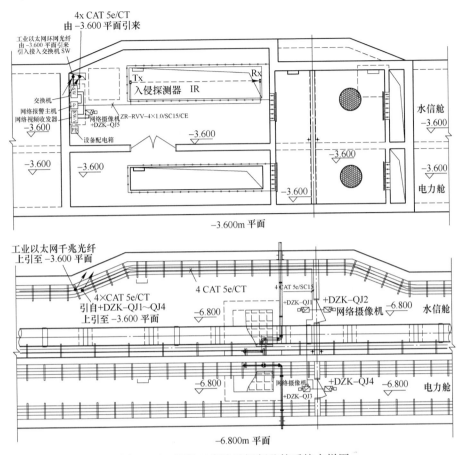

图 10.22 吊装口安防及视频监控系统大样图

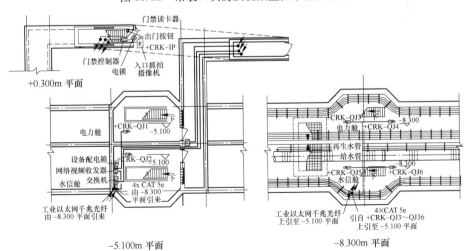

图 10.23 人员出入口安防及视频监控系统大样图

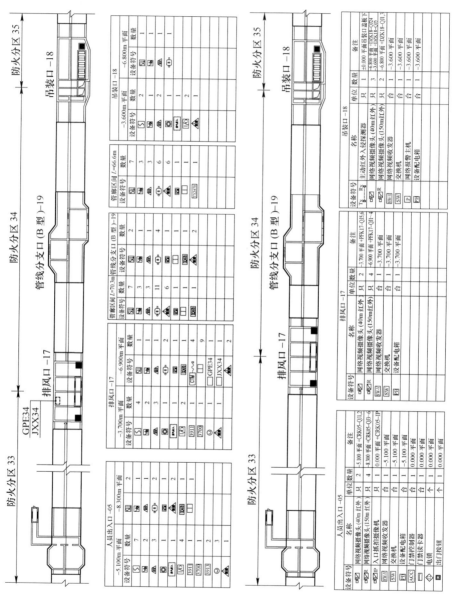

图 10.24 监控与报警系统设备设置示意图

参 考 文 献

[1] 中国航空工业规划设计研究总院有限公司.工业与民用供配电设计手册（第四版）[M].北京.中国电力出版社，2016.

[2] 王恒栋，薛伟辰.综合管廊工程理论与实践[M].北京：中国建筑工业出版社，2013.

[3] 北京照明学会照明设计专业委员会.照明设计手册（第三版）[M].北京.中国电力出版社，2016.

[4] 湖南省建筑标准设计办公室.城市综合管廊-附属工程[S].湘2015SZ102-3.

[5] 《火灾自动报警系统设计》编委会.火灾自动报警系统设计[M].成都：西南交通大学出版社，2014.

[6] 国家建筑标准设计图集17GL602综合管廊供配电及照明系统设计与施工[M].北京：中国计划出版社，2017.

[7] 国家建筑标准设计图集17GL603综合管廊监控及报警系统设计与施工[M].北京：中国计划出版社，2017.

[8] 武汉市政工程设计研究院有限责任公司.滇中新区空港大道中段综合管廊工程设计报告[R].2016.

[9] 曹彦龙.城市综合管廊工程设计[M].北京：中国建筑工业出版社，2018.

[10] 王厚余.建筑物电气装置600问[M].北京：中国电力出版社，2013.

[11] 周梦公.智能节电技术[M].北京：冶金工业出版社，2016.

[12] 城市综合管廊工程技术规范（GB 50838—2015）[S].北京：中国计划出版社，2015.

[13] 城镇综合管廊监控与报警系统工程技术标准（GB/T 51274—2017）[S].北京：中国计划出版社，2018.

[14] 火灾自动报警系统设计规范（GB 50116—2013）[S].北京：中国计划出版社，2014.

[15] 电力工程电缆设计规范（GB 50227—2007）[S].北京：中国计划出版社，2008.

[16] 供配电系统设计规范（GB 50052—2009）[S].北京：中国计划出版社，2009.

[17] 20kV及以下变电所设计规范（GB 50053—2013）[S].北京：中国计划出版社，2013.

[18] 低压配电设计规范（GB 50054—2011）[S].北京：中国计划出版社，2011.

[19] 建筑物防雷设计规范（GB 50057—2010）[S].北京：中国计划出版社，2010.

[20] 民用建筑电气设计规范（JGJ 16—2008）[S].北京：中国计划出版社，2008.

[21] 建筑照明设计标准（GB 50034—2013）[S].北京：中国计划出版社，2013.

[22] 智能建筑设计标准（GB 50314—2017）[S].北京：中国计划出版社，2017.

[23] 数据中心设计标准（GB 50174—2017）[S].北京：中国计划出版社，2017.

[24] 综合布线系统工程设计标准（GB 50311—2016）[S].北京：中国计划出版社，2016.

[25] 安全防范工程技术规范（GB 50348—2018）[S].北京：中国计划出版社，2018.

[26] 视频安防监控系统工程设计规范（GB 50395—2007）[S].北京：中国计划出版社，2007.

[27] 出入口控制系统工程设计规范（GB 50396—2007）[S].北京：中国计划出版社，2007.

[28] 建筑设计防火规范（GB 50016—2014）[S].北京：中国计划出版社，2014.

[29] 张学群，杨超.解存福.保定市北三环管廊电气工程设计[J].电气技术，2018（3）：

117~120，125.

［30］江智洲．城市电力电缆隧道智能监控预警系统的应用［J］．中国安防，2015（12）：20~25.

［31］施亮．城市综合管廊的电气工程设计探讨［J］．城市道桥与防洪，2018（5）：311~316.

［32］乐凯，姬永红．城市综合管廊的智能照明控制系统研究［J］．现代建筑电气，2018（5）：52~54，64.

［33］董桂华．城市新区某综合管廊火灾报警系统设计［J］．电气技术，2017（4）：116~119.

［34］杨绍伟，李学文，董桂华．基于智能电容器的选矿厂浮选车间无功就地补偿方案［J］．有色金属设计，2017，44（2）：57~62.

［35］刘琳，董桂华．某冶炼厂厂区电缆隧道电气设计探讨［J］．云南冶金，2017，46（1）：78~80.

［36］钱中阳，康潜．城市综合管廊工程电气自控设计探讨［J］．建筑电气，2017（11）：8~12.

［37］孙静．城市综合管廊火灾自动报警系统设计探讨［J］．智能建筑与智慧城市，2017（4）：66~70.

［38］施亮．城市综合管廊弱电工程设计的重点和难点［J］．上海建设科技，2017（6）：27~30.

［39］褚震杰．城市综合管廊中爆炸危险区域划分的分析和建议［J］．现代建筑电气，2018（5）：25~28.

［40］仇宏伟．赤峰金融商务区综合管廊电气工程设计［J］．市政技术，2014（3）：100~103，107.

［41］姜剑．地下综合管廊统一管理平台联动逻辑研究与设计［J］．电工技术，2018（16）：141~142，144.

［42］陈昌学，李红．对综合管廊电气设计的探讨［J］．现代建筑电气，2014，（S1）：38~41.

［43］俞国锋．分布式光纤传感技术在城市综合管廊的应用［J］．建筑电气，2015（12）：46~49.

［44］周惠明．广州南沙新区灵山岛综合管廊电气设计［J］．电力讯息，2014（2）：29~31.

［45］朱雪明．国家标准 GB/T 51274—2017《城镇综合管廊监控与报警系统工程技术标准》解读［J］．现代建筑电气，2018（5）：78~81.

［46］熊泽祝，周海林．航站区综合管廊智能化系统设计应用分析［J］．建筑电气，2017（11）：3~7.

［47］赵昊裔，田泉．基于 GPRS 的城市综合管廊供水管道泄漏检测系统［J］．建筑电气，2017（10）：33~37.

［48］林彬，刘庆滨，王劲松，等．基于 PLC 的综合管廊智能监控装置的研制［J］．自动化技术与应用，2016（11）：49~51.

［49］刘衡．茂名滨海新区起步区城市地下综合管廊设计实例研究［J］．低碳世界，2016（11）：172~174.

［50］张高洁．浅析盾构法地下综合管廊电气设计［J］．电气应用，2018（6）：43~47.

［51］周佳麟．施耐德电气 Modicon 系列可编程逻辑控制器 PLC 在综合管廊弱电系统中的应用

[J]. 现代建筑电气, 2018 (5): 73~77.

[52] 世博园区综合管廊监控系统的设计 [J]. 现代建筑电气, 2011 (4): 21~25.

[53] 郑凯, 钟时, 王国明, 等. 西门子综合管廊智慧化运维管理系统 [J]. 现代建筑电气, 2018 (5): 69~72.

[54] 李万欣, 朱爱钧, 张梦瑶. 一种综合管廊电气标准化设计方案 [J]. 电气与能源, 2016 (12): 793~796.

[55] 邱岩, 姬卫东, 陈向伟, 等. 意图物联网在地下综合管廊中的应用 [J]. 现代建筑电气, 2018 (5): 40~44.

[56] 徐鑫业. 云南保山中心城区综合管廊电气与智能化设计 [J]. 现代建筑电气, 2018 (5): 45~51, 64.

[57] 张浩. 智慧综合管廊监控与报警系统设计思路研究 [J]. 现代建筑电气, 2017 (4): 17~20, 37.

[58] 李双凤. 综合管廊的环境特点分析及检测仪表配置 [J]. 现代建筑电气, 2018 (2): 39~43.

[59] 李双凤, 刘澄波, 朱雪明, 等. 综合管廊电气工程若干问题的探讨 [J]. 建筑电气, 2015 (10): 36~41.

[60] 严其辉. 综合管廊电气设计研究与应用 [J]. 福建建筑, 2018 (5): 100~104.

[61] 查桢. 综合管廊工程中的强电设计问题探讨 [J]. 现代建筑电气, 2018 (5): 20~24, 39.

[62] 张浩. 综合管廊供配电系统的设计 [J]. 现代建筑电气, 2011 (4): 36~39.

[63] 章海玲. 综合管廊火灾自动报警系统设计探讨 [J]. 现代建筑电气, 2018 (5): 29~33.

[64] 张志山. 综合管廊监控管理系统一体化设计方案 [J]. 电气时代, 2018 (5): 36~38.

[65] 查桢. 综合管廊监控系统设计探讨 [J]. 建筑电气, 2018 (1): 33~40.

[66] 李蕊, 付浩程. 综合管廊监控与报警系统设计浅析 [J]. 智能建筑电气技术, 2016 (3): 67~70.

[67] 史一鸣. 综合管廊与地下空间结合建设研究 [J]. 现代建筑电气, 2018 (5): 11~15, 33.

[68] 王正祥, 郜元昌, 王振, 等. 矿山泄漏电缆通信系统的解决方案 [J]. 矿山机械, 2007 (10): 162~164.

[69] 姬卫东, 戴德松. 便于综合管廊运维的系统集成方案 [J]. 现代建筑电气, 2018 (5): 60~64.

[70] 喻萍. 海口市地下综合管廊有偿使用费收费标准的测算 [J]. 现代建筑电气, 2018 (5): 55~59.

后　记

在最近连续几个月坚持不懈地努力下，拙作终于完稿。本书编著过程伴随的艰辛、困惑和挑战，最终成为了一段难忘的经历。编著过程使我加深了对王国维先生在《人间词话》中的有关事业、学问"三境"的理解：在最开始做出编写决定时，各种思索便缠绕在脑海，使我无所矢从，如何布局谋篇？怎么展开阐述？是否资历够格？能否实现目标？……这正是第一境"独上高楼，望尽天涯路"的迷愁；当鼓足勇气开启撰写工作后，眼前渐渐自然地闪现出各种提纲方案和素材案例，搜集文献、撰写书稿和绘制图表占据了工作的大部分时间，恰如第二境"衣带渐宽终不悔、为伊消得人憔悴"；在完成了书稿最后一个章节，进行自查核对环节时，心里彻底平静，再回顾这一路经过，深有第三境"蓦然回首，灯火阑珊"的感慨。

相信，每当我翻开本书时，都会想起在昆明有色冶金设计研究院里忙碌而充实的工作场景。昆明有色院作为服务我国有色行业的八大设计院之一，是一个拥有60多年辉煌历史的设计院，为有志青年提供了一个工程技术大平台。有幸与它结缘，在这里我基本养成了严谨务实的工作作风，充分体会到了勘察设计行业作为工程建设排头兵的职业魅力和职业自信。

从2014年起开始接触城市综合管廊项目设计时，我便感受到综合管廊近些年的快速发展，同时也深切认识到该领域电气自动化方面设计背景资料的缺乏。在不断学习摸索和项目实施过程中，积累并整理了相对系统的关于综合管廊电气自动化的技术资料，和有关项目设计方面的一些思考体会。为了达到交流分享的目标愿景，我终于鼓足勇气将其编写成书。同时希望本书能抛砖引玉，和更多同仁一道，推动城市综合管廊电气自动化技术不断进步，助力智慧城市建设。